U0184646

费曼失落的讲义

——行星围绕太阳的运动

［美］ 戴　维·古德斯坦　　著
朱迪思·古德斯坦

孙　琦　译

上海科学技术出版社

图书在版编目（CIP）数据

费曼失落的讲义：行星围绕太阳的运动 ／（美）戴
维·古德斯坦（David L. Goodstein），（美）朱迪思·
古德斯坦（Judith R. Goodstein）著；孙琦译. -- 上
海：上海科学技术出版社，2023.3
书名原文：Feynman's Lost Lecture: The Motion
of Planets Around the Sun
ISBN 978-7-5478-6064-9

Ⅰ. ①费… Ⅱ. ①戴… ②朱… ③孙… Ⅲ. ①物理学
－普及读物 Ⅳ. ①O4-49

中国国家版本馆CIP数据核字(2023)第021080号

First published in English under the title
FEYNMAN'S LOST LECTURE: The Motion of Planets Around the Sun by David
L. Goodstein and Judith R. Goodstein

上海市版权局著作权合同登记号 图字：09 - 2022 - 0286 号

费曼失落的讲义——行星围绕太阳的运动
[美] 戴维·古德斯坦　朱迪思·古德斯坦　著
孙　琦　译

上海世纪出版（集团）有限公司 出版、发行
上 海 科 学 技 术 出 版 社
（上海市闵行区号景路 159 弄 A 座 9F - 10F）
邮政编码 201101　　www.sstp.cn
常熟高专印刷有限公司印刷
开本 787×1092　1/16　印张 9　插页 2
字数 125 千字
2023 年 3 月第 1 版　2023 年 3 月第 1 次印刷
ISBN 978 - 7 - 5478 - 6064 - 9/O·112
定价：38.00 元

本书如有缺页、错装或坏损等严重质量问题，请向印刷厂联系调换

献给费曼，

他讲得如此清晰透彻，

如果他知道我们找到了失落的讲义，

还对它进行了一番解释，

该是何等惊讶！

序 言

　　本篇讲述了费曼失落的讲义是怎样遗失的,又是怎样被找回来的过程。1992 年 4 月,我担任加州理工学院的档案保管员,物理系主任格里·诺伊格鲍尔(Gerry Neugebauer)让我整理罗伯特·莱顿(Robert Leighton)办公室的文件。莱顿身体抱恙,他有好几年都没来办公室了。莱顿的夫人收拾好莱顿的书籍和私人物品后,告诉诺伊格鲍尔说学校可以对办公室进行清理。我先行整理,把有价值的东西归档,然后物理系再处理余下的东西。

　　莱顿除了在 1970 至 1975 年间担任物理系主任之外,还和马修·桑兹(Matthew Sands)一起负责了《费曼物理学讲义》的编辑和出版。费曼曾对加州理工的一年级新生和二年级学生讲授了为期两年的基础物理学课程,由此整理形成的讲义由艾迪生-韦斯利(Addison-Wesley)公司在 20 世纪 60 年代初期出版。这个三卷本的讲义几乎涵盖了物理学的所有科目,直至今日,其中的一些视角依然颇具启发性和创意。我在整理文件时,希望能找到莱顿与费曼合作的切实证据。

　　莱顿的办公室内堆满了资料,我花了好几周的时间进行筛选整理;但是莱顿没让我失望。我从故纸堆里发掘出两个文件夹,一个标记为“费曼的新生讲义,未完成”,而另一个标记为“艾迪生-韦斯利”;它们和几十年前的预算表、购货单,以及泛黄的布满一列列数据的大叠计算机打印纸一道,就塞在办公室外面的储物柜中。在莱顿和出版商往来的信件中,他们讨论了格式、封面颜色等细节,并谈及读者的评论、其他学校选用该讲义的情况,以及对销售情况的预估等问题。我将这个文件夹归为"留存"材料;而将另一个文件夹(就是包含未编辑的费曼讲义的那个)拿回了档案室。

在 1963 年出版的《费曼物理学讲义》的前言中,费曼曾提到有几个讲义没有被包含在内。他在第一年给出了 3 个备选讲义,就如何解题展开讨论。莱顿的文件夹包含 3 个条目,它们实际上就是费曼在 1961 年 12 月讲授的评述 A,B 和 C 的原始打印稿。一个月后费曼讲授的关于惯性制导的讲座也没有最终入选(在费曼看来这个决定令人遗憾),而我在莱顿的文件夹中也找到了这次讲座的部分打印稿。文件夹中还包含费曼后来一次未经编辑的讲座的部分文字记录,日期是 1964 年 3 月 13 日,以及费曼手写的一页笔记。这个讲稿名为《行星围绕太阳的运动》(The Motion of Planets Around the Sun),其中采用非正统的方法探讨了牛顿对椭圆定律的几何证明,后者参见牛顿的《自然哲学的数学原理》(*Philosophiae Naturalis Principia Mathematica*,简称《原理》)。

1993 年 9 月,我有机会制定费曼讲义的原始录音磁带的清单,它们也属于归档资料。我发现其中有五讲没有被包含在艾迪生-韦斯利出版的书中,随后我记起了莱顿的文件中未发表的 5 个讲义;很明显,未被编辑的文字记录稿与磁带对应上了。在档案中还可以找到其中 4 个讲义(费曼在前言中曾提到这 4 个讲义)的图片和公式的板书照片,但是我找不到 1964 年 3 月关于行星运动的讲义的照片(在挑选本书插图时,我凑巧找到一张费曼在这次讲座中的照片,并将其作为本书的卷首插图),尽管费曼将他 1964 年讲义的笔记交给了莱顿,其中包括板书绘图草图,但显然莱顿认为这个讲义不适合出现在《费曼物理学讲义》的最后一卷(1965 年)中;这一卷主要探讨量子力学。这个讲义被时间淹没,逐渐被忘却。总的来说,它遗失了。

戴维(David)和我满心希望把这 5 个未发表的费曼讲义从沉睡中拯救出来。因此在 12 月,当我们去意大利山城弗拉斯卡蒂度假时,我们带上了磁带的副本、打印稿、板书照片以及费曼的笔记。在随后的两周内,我们听磁带、做笔记,因为听到笑话而开怀大笑,努力分辨每次讲座后学生的提问和费曼的回答,并记下更多笔记。但是最后,我们一致认为 1964 年关于行星运动的讲座最能体现费曼在课堂上的活力、创造力和热情,而整理出这一讲座需要补充完整的板书照片。但由于没有这些照片,我们极不情愿地放弃了这个项目。

或许只有我是这样想的。讲座中的片段经常在戴维的脑海中浮现,特别是在后一年他向新生讲授相同的物理内容时。他有磁带。但是他能根据费曼笔记中寥寥几个草图和只字片语(费曼不像是对学生而更像是对自己说的)重构当时的板书吗? 1994 年 12 月初,当我们收拾行囊准备穿越巴拿马运河的旅行时,戴维宣称:"让我们再试一下。"这一次我们只携带了 1964 年讲义的打印稿和笔记,并附带了开普勒《新天文学》(*The New Astronomy*)和牛顿《原理》中的一些篇章。

我们乘坐的鹿特丹号花了 11 天从阿卡普尔科航行到劳德代尔堡。每天戴维要花上两三个小时,躲在船舱中"破译"费曼失落的讲义。他和费曼一样,从牛顿的几何证明着手。当他将费曼的第一张草图和牛顿的一幅图匹配上之后,他有了最初的突破;这幅图就在卡乔里(Cajori)翻译修订的《原理》一书的第 40 页。我们在海上航行了 3 天,也许 4 天后,已经能清楚地看到哥斯达黎加的海岸线,而此时戴维宣布他也可以沿着牛顿的推理思路得出结果。当我们从太平洋转移到大西洋时,他已经完全理解了费曼用铅笔绘制的那几个有清楚标记的曲线、角和交线图。他一直待在船舱里,只顾盯着牛顿、费曼和他自己绘制的几何图看,而根本不理会外面的美景。他在船舱中待的时间越来越长,晚上睡得越来越晚。当我们在 12 月 21 日抵达劳德代尔堡时,他领会并理解了费曼的全部证明。在乘飞机回家的途中,本书初步成形。

本书最终付梓要归功于家人和朋友的无私奉献。马西娅·古德斯坦(Marcia Goodstein)制作了将近 150 张图画来讲述费曼的几何故事,她的聪明才智远胜呆板的软件;萨拉·利平科特(Sara Lippincott)是资深编辑也是外交家,她轻柔地理顺了语句、优化了版式;埃德·巴伯(Ed Barber)作为诺顿出版社的副主席,多年来一直对别人进行友善的劝导,而失落的讲义的现身让他终获回报;罗比·沃格特(Robbie Vogt)讲述了这个故事的缘起;吉姆·布林(Jim Blinn)通读了原稿并提出有帮助的建议;瓦伦丁·泰莱格迪(Valentine Telegdi)

提醒我们关注麦克斯韦的证明。最后我们要感谢迈克·凯勒(Mike Keller),作为加州理工的知识产权律师,他提供了热情的帮助。这本书的收益将用于支持加州理工的科学和学术研究。

本书的所有照片来自加州理工档案馆。

朱迪思·古德斯坦

1995 年 5 月于帕萨迪纳

前　言

　　发现一个简单甚至渺小的事实，好过整天讨论重大的问题而一无所获。

——伽利略

　　这本书关乎一个简单，但并不渺小的事实。当行星、彗星或任何其他物体在引力的作用下在太空中运动时，会"绘制"出一组非常特别的数学曲线：圆、椭圆、抛物线或双曲线。这些曲线被统称为圆锥曲线（conic section）。为什么大自然在天空中勾画出那些，而且仅仅是那些优雅的几何结构呢？这不仅是科学和哲学的重要问题，它还有着重要的历史意义。

　　1684 年 8 月，埃德蒙·哈雷（Edmund Halley，哈雷彗星以他的名字命名）去剑桥旅行，他与著名而有点乖僻的数学家牛顿讨论天体力学。当时在科学界流传这样的观念：来自太阳的某种力让行星运动，这个力与太阳和行星间距离的平方成反比；但是没有人能给出令人满意的证明。是的，牛顿透露说，他能证明这种力会产生椭圆轨道，就是开普勒在七十几年前根据天文观测推导出的那种轨道。哈雷希望牛顿展示其证明；牛顿推托说不知道把原稿放在哪里了，但是承诺会再次推导并将证明结果寄给哈雷。过了几个月，在 1684 年 11 月，牛顿的确把一篇 9 页的论文寄给了哈雷。该论文证明：根据引力的平方反比定律和动力学基本原理，不仅能解释行星的椭圆轨道,还能解释开普勒的其他天体运动定律乃至更多的内容。哈雷很清楚牛顿手中的论文就是一把钥匙,能帮人理解当时人们构想的宇宙。

哈雷敦促牛顿公开他的发现,但牛顿对自己的工作不甚满意,希望推迟发表以便修改。这一等就接近 3 年,而牛顿全身心地投入自己的研究中。1687 年,牛顿的巨著《自然哲学的数学原理》终于问世了,现代科学就此诞生。

大约 300 年以后,物理学家理查德·费曼采用初等平面几何独立证明了开普勒的椭圆定律,他显然是在自娱自乐。1964 年 3 月,当他受邀为加州理工的新生做客座讲座时,他决定以这个几何证明作为讲座的内容。人们对费曼的讲座进行了录音和誊写;按常规也会对讲座的板书进行拍照,但就算拍了照片也没有留存下来。如果不清楚他所指的几何图形到底是哪一个,根本听不懂讲座。但是后来我们在莱顿的资料中发现了费曼为准备这次讲座所做的笔记,这为重构他的完整证明提供了可能。

发现费曼失落讲义的笔记为我们创造了机会。大多数人是通过两本轶事集——《别逗了,费曼先生!》(*Surely You're Joking, Mr. Feynman!*)和《你干吗在乎别人怎么想?》(*What Do You Care What Other People Think?*)——了解费曼的;在费曼的晚年,莱顿的儿子拉尔夫(Ralph)写下这两本书来记述他的冒险事迹。这些书中的故事不但非常有趣,它们还产生了特殊的效果,因为故事的主人公同样是一位有着重要历史地位的理论物理学家,而不熟悉科学的读者很难窥见费曼的智慧而看到他的另一面——费曼超凡的才智在科学发展史上刻下了不可磨灭的印记。费曼在这次讲座中充分发挥了他的创造力、洞察力和直觉,他在证明中没有引用艰深而令人费解的数学,因此就算是门外汉也能理解他取得的物理成就。只要你学过平面几何,就能听懂这次讲座并理解费曼的成就!

费曼为什么只用平面几何来证明开普勒的椭圆定律呢?用更强大的工具和更高级的数学能轻而易举地完成这项工作。费曼显然受到牛顿的启发,尽管后者本身也发明了更高级的数学工具,但是他在其《原理》一书中依然只用平面几何对开普勒定律进行证明。费曼尝试遵循牛顿的证明,但是他被卡在了一点上:牛顿在证明中用到了圆锥曲线的神秘属性(arcane property,在牛顿时代这是一个热门话题),而费曼对此一无所知。因此,正如他在讲座中说的那样,他编造出自己的证明。

此外，费曼解决的这个问题不仅是一个有趣的智力谜题。牛顿对椭圆定律的证明是科学革命的高峰，是古代世界和现代世界的分水岭。这项工作是人类智慧的巅峰之作，可与贝多芬的交响乐、莎士比亚的戏剧和米开朗琪罗绘制的西斯庭教堂天顶画相媲美。这项成就除了对物理学的发展极其重要以外，也决定性地揭示了一项惊人的事实：自然服从数学规律。从牛顿时代开始，这项事实就让所有深思者困惑不解并深深地着迷。

出于上述原因，费曼的讲义值得你打开并探究里面的世界。但读者要付出的代价并不小。哪怕是加州理工新生课堂中的数学高手，也曾对这一特别讲座心生畏惧。尽管证明的每个步骤都很基础，整个证明也并不简单，而且没有了费曼的板书和他在课堂上的生动表演，人们更难以追随讲座的思路。尽管如此，本书先介绍了牛顿对椭圆定律证明的历史意义、费曼的个人生活和工作，希望引起读者的兴趣；之后本书不仅重构了费曼在讲座中的证明，还极其仔细地进行了解释，让学过高中几何的读者能理解费曼精彩的阐述。此后，读者就可以放手学习讲座的文字版，即本书第 4 章的内容。

目　录

第1章 从哥白尼到牛顿

1542年5月,波兰教士尼古劳斯·哥白尼(Nicolaus Copernicus)生命垂危,他在病榻上收到自己撰写的《天体运行论》(*On the Revolutions of the Celestial Spheres*)的样书。哥白尼故意推迟发表,好让自己不必面对该书问世的后果。这本书提出了令人难以置信的观点:太阳是宇宙的中心,而地球不是。该书讨论了天空中真实存在的运行(revolution),而它开启了后来的科学革命(scientific revolution)。今天,当我们将政治等领域的剧变称作革命时,我们就在向哥白尼致敬:他关于天体运行的著作开启了第一场革命。

在哥白尼之前,我们对世界的看法来自古希腊的哲学家和数学家;公元前4世纪,在柏拉图和亚里士多德的教导下这些观念逐渐成形。在亚里士多德的世界中,所有物质都由4种元素构成,它们是土、水、气和火。每种元素都有其自然位置:土位于宇宙中心,它被水包围,而向外依次是气和火。在自然运动过程中,各元素都在寻找它的自然位置。因此,较重的、主要由土构成的物体一有机会就会下落,而气泡则会在水中上升,烟则会在空气中上升。所有其他的运动都是直接原因产生的干扰,例如牛要是不拉车,车就不会动。在土球、水球、气球和火球之外,天体在它们各自的"水晶球"上运动。永恒的天球宁静而和谐,只能进行完美的圆周运动,而只有在地球上才存在变化、死亡和衰败。这个世界系统和谐统一,它被完美地设计出来好让我们生活其中;尽管我们有着各种缺陷和不足,也想当然地认为这一切都是为我们建造的。汤姆·斯托帕德(Tom Stoppard,英国剧作家)的戏剧《阿卡迪亚》(*Arcadia*)既嘲讽了历史学家也嘲讽了科学家,"我们对亚里士多德的宇宙十分满意",其中的人物这样说道,"我个人很喜欢它;55个"水晶球"连在上帝的曲轴上运转,这就是我心目中理想的宇宙。"

但是亚里士多德式"宁静的宇宙"也存在一些问题。在大部分情况下,太阳、月亮以及星星都能老实规范地运动,而少数的一些行星[planet,来自希腊语,意为"漫游者"(wanderer)]就不那么规矩了。当时天文学家的职责就是预测这些天体的位置,也就是考察特定夜晚它们会在天空中何处出现。这些信息对于农耕、航海很有用,而在人们笃信占星术的时代,它们对于占星预言更为重要。尽管柏拉图早已声明天体只能进行圆周运动,但行星沿着完美的圆形轨道围绕地球运转的观念与观测结果不符。天文学家继而提出各种方案,让行星沿着圆周轨道[本轮(epicycle)]运动,而本轮的圆心同时也沿着圆周轨道[均轮(deferent)]运动。如果观测到的行星位置与本轮和均轮系统的预测没有完全吻合,那就再加入一个本轮来改进计算并增加预测的精度;这么做实在是为了"保全颜面"。公元2世纪,居住在亚历山大城的希腊天文学家托勒密(Ptolemy)撰写了《天文学大成》(Almagest),该书成为古代天文学系统的法典,并在此后的1 400年中一直作为天文学的主要教科书。哥白尼改变了这种情况。

在哥白尼的书中,他指出如果将太阳(而不是地球)放置在宇宙的中心,那么庞杂的本轮均轮系统将会大为简化。哥白尼在第一章中声明,提出该理论纯粹是为了数学上的简便。在该书剩余的篇章中,哥白尼提供了以太阳为中心利用本轮均轮系统计算得到的天文表。没有人相信这只是为了数学上的方便;但是另一方面,在哥白尼死后的10年间,很少有人关注哥白尼的工作,阅读其著作的人就更少了。在这个阶段,远在中国的耶稣会传教士的确在讲授哥白尼的日心说,而更让罗马教廷头疼的是马丁·路德(Martin Luther)而不是哥白尼。尽管如此,还是有些人注意到了哥白尼的工作,其中三人就是推翻地心说的关键人物。他们是第谷·布拉赫(Tycho Brahe)、约翰内斯·开普勒(Johannes Kepler)和伽利略·伽利莱(Galileo Galilei)。

第谷·布拉赫(1546—1601)是丹麦的贵族,他在幼年时就对人们可以预测天文事件而惊讶不已,例如1560年8月21日的日食;而更让他感到惊讶的是,他在1563年8月观测到木星和土星合(conjunction),而天文表(也包括哥白尼的天文表!)给出的预测时间则晚了好几天;这也许是天文数据不准确所造成的。

在学习了法律,游历了欧洲,在一次决斗中失去了鼻子,并装上一个用金、银和蜡制成的假鼻子之后,第谷和一位平民结婚,并成为天文学家;他的这番举动让丹麦的上流社会蒙羞。他在家族的土地上建造了一个小型天文台,1572年11月11日,他就在那里观测到仙后座出现一颗明亮的新星。亚里士多德的天空亘

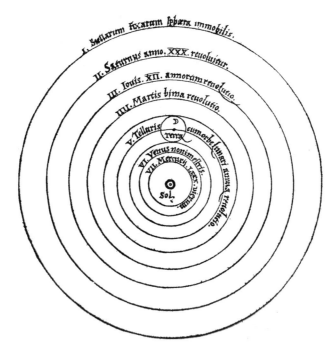

哥白尼的太阳系,来自《天体运行论》,1543 年

古不变,根本不可能出现新星。第谷的著作《论新星》(*On the New Star*)触犯了教会,但也给他带来了声望,并为他赢得丹麦国王腓特烈二世(Friedrich Ⅱ)的资助。

　　腓特烈二世将哥本哈根附近的汶岛赐予第谷,并资助他兴建当时最大的天文台。第谷设计建造了大型测量仪:赤道经纬仪的宽度达到 9 英尺(约 2.7 米),而壁式象限仪的直径长达 13 英尺(约 0.3 米),这让他能以前所未有的精度进行天文观测。第谷生活和工作的场所豪华宽敞,他还拥有实验室、及时发表天文发现的印刷厂和其他种种便利条件。第谷以天文学的缪斯女神乌拉妮娅(Urania)将他的天文台命名为乌拉尼亚堡(Uraniborg,通常称为天堡),而天堡从 1576 年开始一直运行到 1597 年。若干年后,人们在 1610 年发明了望远镜,裸眼天文观测就此宣告终结。尽管天堡运行的时间短暂,但在此进行的天文观测将天文表的误差从 10 弧分降低到 2 弧分(60 弧分为 1 度)。如果你伸直手臂竖起食指,那么食指对应的张角约为 1 度;10 弧分就是这个角度的 1/6,而 2 弧分还要再乘以 1/5。

第谷·布拉赫40岁时的画像;第谷的《新天文仪器》(*Astronomiae instauratae mechanica*)的卷首插图,1602年

1588年,腓特烈二世去世,他的儿子克里斯蒂安四世(Christian Ⅳ)即位。第谷不断地索取巨额资助让克里斯蒂安恼怒不已,两个人的关系日趋紧张。1597年,第谷不得不关闭天堡,离开丹麦。第谷在神圣罗马帝国皇帝兼匈牙利和波希米亚国王鲁道夫二世(Rudolph Ⅱ)的邀请下前往布拉格,成为后者的御前数学家。

在第谷远走布拉格之前,他已经对天文学做出了不可磨灭的贡献。他并没有满足,他面前还有一项任务:将他宝贵(而且大部分还处于保密)的观测结果应用于新的宇宙学。然而,这不是哥白尼的宇宙学,当然也不是托勒密的宇宙学,而是第谷自己创立的宇宙学。在第谷的宇宙中,地球处于宇宙的中心,所有行星围绕太阳运转,而太阳带着这些行星围绕地球运转。在现代眼光看来,第谷的宇宙似乎是亚里士多德和哥白尼的观念的折中。但是在第谷的时代,他的宇宙比哥白尼的宇宙更加离经叛道,因为尽管第谷让地球处于宇宙的中心,但是他摒弃了填满太空的"水晶球"。问题是:第谷的数据支持他的宇宙吗?回答这个问题所需的数学才能远远超出了这位御前数学家的能力。寻遍欧洲也找不出第二位有这么大本领的数学家;但幸好还有一位,他的名字是约翰内斯·开普勒。

开普勒生于1571年,他的父亲是雇佣军而他的母亲是位旅店老板的女儿;他父亲在开普勒5岁时离家后就音信全无,而他母亲后来被指控为女巫。开普勒是早产儿,他体弱多病,家境贫寒,但他超常的数学才能为他赢得了图宾根大学的奖学金。在大学就读期间,他师从迈克尔·马斯特林(Michael Mastlin)学习,后者是哥白尼学说在欧洲最早的追随者之一。在获得学士和硕士学位后,图宾根大学举荐开普勒在奥地利城镇格拉茨的学校担任数学教师,这使他免于成为路德教牧师。

据传言,1595 年夏季的一天,当开普勒给一群没精打采的少年讲授几何时,他神游身外,在哥白尼的天文数据表中进行搜索;这是他终生热爱的一项工作。在等边三角形的内部和外部绘制圆形时,他突然意识到两个圆的直径之比(外部圆的直径恰为内部圆的 2 倍)几乎等于木星和土星轨道的直径之比。这个发现让开普勒立即投入工作。他迅速设计出一个模型,将控制(当时已知的)6 个行星轨道的不可见球面一个个地嵌套起来,而用 5 个"完美的固体"将这些球面隔开;在古代,人们将所有边长都相等的固体定义为完美固体,它们是正四面体、立方体、八面体、十二面体和二十面体。毫无疑问,用适当的顺序排布这些固体,就能让球面直径之比几乎等于这些行星的轨道直径之比。

开普勒的模型解释说由于有且只有 5 个完美的固体,因此有 6 个,并且只有 6 个行星,而它们的轨道直径满足这样的比例。开普勒的安排与实际情况奇迹

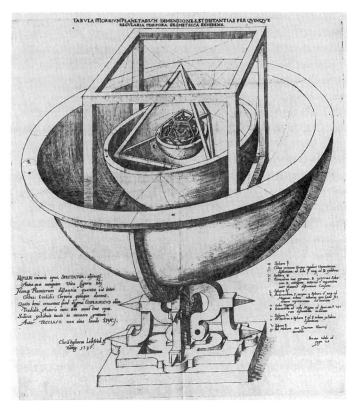

嵌套的固体(最外层球面属于土星),来自开普勒的《宇宙的奥秘》
(*Mysterium cosmographicum*),1596 年

般地吻合。开普勒认为(终其一生,他不止一次这样想过)他窥见了造物主的意愿。1596 年,他发表了《宇宙的奥秘》(*Mysterium Cosmographicum*)一书,公开了自己的想法,而这引起了第谷的关注。

　　打动第谷的不是开普勒的哥白尼式观点,而是他的数学天才。第谷邀请开普勒前往布拉格。在那时,开普勒已经成为著名的占星家(他预言的瘟疫、饥荒和土耳其入侵后来均被证实),但他的经济状况不佳,而且信奉路德教的开普勒认为他在信奉天主教的格拉茨遭受了迫害。1600 年元旦,开普勒启程前往布拉格,投奔那位丹麦天文学家①。腼腆内向的开普勒与精力充沛、戴着个铁鼻子的第谷相处得并不融洽,但是他们谁也离不开谁。开普勒需要第谷的数据来完成他毕生的事业,而第谷需要开普勒的才智来整理他的观测结果以证实第谷的宇宙。他们磕磕绊绊地合作了 18 个月之后,第谷在 1601 年死于突发尿路感染。据记载,他留给开普勒的遗言是:"不要让我这一世白忙了。"但是开普勒忠于哥白尼,他不打算继续探究第谷的宇宙体系。

　　第谷死后,开普勒克服重重困难(在他一生中没有什么是轻易得来的)终于被任命为御前数学家(这个职位的报酬不算丰厚,但它能带来荣耀和尊贵),他还从第谷后人的手中夺取了极有价值的观测数据。开普勒还发表了关于占星术的著作。(开普勒把所有其他占星家都看作是骗子和冒牌货,但他自己总能不可抑制地感到人类命运和天空全景之间存在着某种关联与和谐。)1604 年,在观测罕见的火星、木星和土星的合时,开普勒观测到一颗新星,这颗新星在天空中闪耀了 17 个月之久。

　　开普勒最伟大的斗争就是他"对火星的战争";他尝试确定这颗行星的轨道,以便与第谷的观测数据吻合。如果观测结果的误差为 10 弧分,他就可以像第谷之前的天文学家那样,用圆形轨道进行拟合。但是第谷恢宏的数据遗产不允许他这样做。开普勒进行了大量的计算,首先用新颖的方法来推断地球的轨道;地球是第谷进行观测的不确定的天体平台。如果让太阳稍许偏离

---

　　①　读者也许感到好奇,我们为什么用名来称呼第谷(Tycho),而用姓来称呼开普勒(Kepler)呢? 例如第谷宇宙体系、开普勒定律等。这个问题没有明确的答案。这也许是因为约翰内斯(Johannes)过于普通,而布拉赫(Brahe)又不太常见的缘故。我们同样对伽利略(Galileo)直呼其名,但这没有关系,因为他的名和姓(Galilei)相同。

圆心,就能用圆形来很好地描述地球的轨道。但是这种方法并不适用于火星。开普勒用尽办法,也找不到与观测数据吻合的圆形轨道。在 1609 年发表的《新天文学》(*The New Astronomy*)一书中,开普勒引用维吉尔(Virgil)的诗句来描述他的窘境:

伽拉泰亚,这鬼丫头捉弄我,

(Galatea seeks me mischievously, the lusty wench:)

她藏身在柳条之间,却指望我一眼就看到她。

(She flees to the willows, but hopes I'll see her first.)

　　在哥白尼的系统中,地球是一颗行星。但是在地球上充斥着变化、死亡和衰败,它显然并非处在行星该有的柏拉图式的完美状态;那么也许行星轨道也不一定是柏拉图所说的圆形吧!("噢! 我多蠢啊!"由于没有早想到这一点,开普勒这样写道;现在我们不会再那样写科技论文了。)火星轨道不是圆形,而是椭圆,而太阳处于椭圆的一个焦点[开普勒之所以选择这个词,是因为它的拉丁语含义为"壁炉"(fireplace)]。

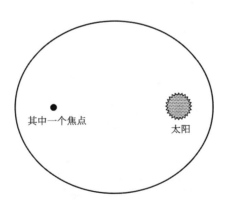

椭圆轨道,太阳位于其中一个焦点
(火星轨道比这个椭圆更接近圆形)

　　人们在古代就知道椭圆这种闭合的几何曲线。阿波罗尼奥斯(Apollonius of Perga,约公元前 262—公元前 190 年)证明,用不同取向的平面截圆锥会得到两种闭合曲线——圆和椭圆,以及两种开曲线——抛物线和双曲线。

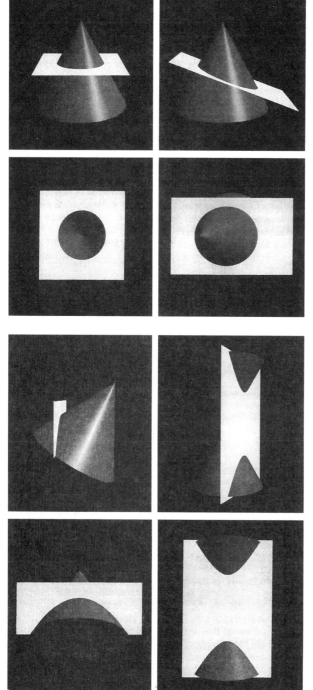

左图：用水平面截圆锥，在截面上得到圆形（左下）；右图：用倾斜平面截圆锥，在截面上得到椭圆（右下）

左图：用平行于圆锥母线的平面截圆锥，在截面上得到抛物线（左下）；右图：平面与双向圆锥的两支交截，在截面上得到双曲线（下图）

与其他圆锥曲线不同，双曲线总是有两个分支。

这些曲线被统称为圆锥曲线。我们将两个大头针固定在椭圆的焦点，用一段细绳就能绘制椭圆。如右图所示：

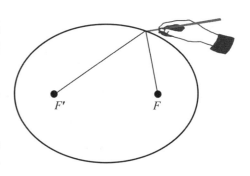

我们将在第 3 章深入讨论椭圆的特性。

在《新天文学》一书中，开普勒告诉我们所有行星都沿着椭圆轨道运转，而太阳处于椭圆的一个焦点上；这个陈述后来成为开普勒第一定律，即椭圆定律。他还说明行星在靠近太阳的一侧运动速度加快，而在远离太阳的一侧运动速度减慢。此外，行星这种加速和减速的运动有着十分奇怪的规律：太阳和行星的连线会在相等的时间内扫过相等的面积；这就是开普勒第二定律。10 年后，开普勒在 1619 年发表了另一本书——《世界的和谐》（*Harmony of the World*），他在其中表述了第三条定律。前两条定律描述了行星在各自轨道上的规律，而第三条定律则比较了不同行星的轨道。第三定律说明：行星离太阳越远，它沿着轨道的运动就越慢；特别是行星上的一年（行星围绕太阳运行完整一周所花的时间）与轨道尺寸（即椭圆较长的直径）的 3/2 次方成正比。这三条陈述构成了行星运动的开普勒三大定律，这是开普勒最卓绝的贡献。1627 年，开普勒出版了《鲁道夫星表》（*Rudolphine Tables*），以纪念他的赞助人——鲁道夫二世。这些天文数据表以第谷的精细观测和开普勒三大定律为基础，将天文学的精度提高了 100 多倍。

大约在同一时期，意大利的伽利略撰写了《试金者》（*Il Saggiatore*）一书，

开普勒设计的《鲁道夫星表》的卷首插图，1627 年

这幅精致的版画描绘了天文学的巨人们聚集在天文女神乌拉尼娅（Urania）神殿的场景。开普勒将他自己的名字和他的 4 本著作的书名刻在了神殿基座的左侧镶板上。

他说道:"自然之书(我说的就是宇宙)在我们眼前展开,绵延不绝,但是如果没有掌握撰写此书的语言,就不能理解书的内容。自然之书的语言是数学,而几何图形就是它的文字。"伽利略写作的初衷并非为了庆祝开普勒定律的成功;富有讽刺意味的是,他从未承认过这些定律,更不要说全心全意地接受它们。伽利略撰文是为了捍卫哥白尼的日心说。1616 年,天主教教廷的神学家罗伯特·贝拉尔米内(Robert Bellarmine)主教宣称哥白尼的日心说是"错误的",并将哥白尼的书列为禁书。然而,现在新任教皇乌尔班八世(Urban Ⅷ)是伽利略的朋友和赞助人,因此伽利略希望教会能转变态度,不要和科学发生毁灭性的冲突。但是他终将失败。

伽利略于 1564 年生于比萨,是音乐家温琴佐·伽利雷(Vincenzio Galilei)的儿子[当时在托斯卡纳(Tuscan)家族中流行以家族的姓作为长子的名]。伽利略在比萨大学学习医学,但由于缺少资金而辍学,没能完成学业。他自学了数学,并发表几篇论文,从而获得了在比萨大学讲授数学的职位。就在比萨,伽利略发现了单摆定律(无论单摆的摆幅多大,它摆动一个完整周期所花时间总是相同的),以及自由落体定律(不管物体的质量有多大,它们在真空中下落的加速度都是恒定的)。他还利用球和斜面进行了一系列的运动学实验;这些实验算不得什么,但它们开启了现代实验科学。[他的书名为《试金者》,英文译为 The Assayer(检验者),但是现代名词 The Experimentalist(实验者)更能准确地描述他的想法。]伽利略显然早就全心拥护哥白尼的日心说,但是由于害怕受到嘲笑而秘而不宣。他与开普勒鲜少通信,而在 1597 年的信件(这实际上是收到开普勒的《宇宙的奥秘》副本而回复的感谢信)中他这样写道:"我真的要祝贺自己,因为我在研究真理时能够以真理的朋友为伴。"带有大写字母 T 的 Truth(真理)指的就是哥白尼。

然而,哥白尼的日心说不仅触犯了亚里士多德和教会的信条,也似乎和人们的日常经验相左。就算傻瓜也能看出地球稳如磐石待在那儿不动。如果真的像哥白尼宣称的那样,地球围着地轴旋转并且呼啸着穿过太空,那我们为什么感觉不到这些运动呢?我们还能提出更尖锐的问题。请考虑下述思想实验:假定在比萨斜塔的塔顶释放一个物体。不管秉持什么样的宇宙观,我们至少都认同下述观点:物体径直落向塔底(暂时忽略塔是倾斜的)。但是根据哥白尼的学说,物体下落时地球围绕地轴旋转。如果重力让物体落向地球的中心,那么当物体

径直下落时塔就会转向一侧。塔旋转偏离了多远呢？物体大约需要 2 秒钟才能
从塔顶落到地面，根据地球的尺寸和它每天转一圈的事实，不难算出旋转偏离的
距离。在物体下落的过程中，塔应当转过了大约半英里(约 800 米)！换句话讲，
如果哥白尼是对的，地球的确每天围绕地轴转一圈的话，那么从斜塔顶部释放的
自由落体将落在距离斜塔 800 米远的地方。实际情况并非如此，这似乎彻底否
定了哥白尼的学说。

在 16 世纪，哥白尼学说面临这样的问题：它不仅无法回应这些反驳，而且
(甚至更糟)也似乎无从建立令人满意的答复。当哥白尼将地球逐出宇宙的中心
后，他也彻底放逐了人们理解万事万物的基础——亚里士多德的力学。例如，如
果物体不是为了寻求它的自然位置，它为什么要下落呢？说物体因为重力而下
落(过去这样说现在还是这样说)只不过赋予神秘的原因(cause)一个名字。对
于哥白尼的追随者来说，亚里士多德的世界已经崩塌，但是现在没有任何东西能
替代它。伽利略就处于这种两难的境地。

为了发现世界到底如何运作，伽利略想出了下面这种方法：做实验，然后应
用数学方法来分析实验结果。这个想法永远地改变了人类的历史。伽利略不能
直接研究自由落体，因为物体下落得过快，而且也没有好的计时器。基于他本人
发现的摆的等时性(isochrony)，人们很晚以后才造出第一个准确计时的钟。为
了让下落物体的运动减慢，伽利略令小球从稍微倾斜的平面上滚落，并测量其运
动时间；令斜面的表面尽可能光滑以减小摩擦。(灵巧的工匠复制了伽利略的实
验仪器，它们被保存在佛罗伦萨的科学历史博物馆。)为了准确测量小球滚落斜
面的时间，伽利略尝试了多种方案，而水钟是其中的最佳方法。在球滚落的过程
中，令水通过导管流入第二个容器；他用手指来控制导管的开关。随后他对流出
的水进行称重，而水的重量与运动的时间成正比。人们在现代重复了他的实验，
发现用这种方法测量时间的精度可以达到 2/10 秒。在 20 世纪之前，几乎没有
更好的测量时间的方法。

利用这项技术，伽利略发现了他的落体定律。他发现如果让时间加倍，则小
球滚落的距离是原来的 4 倍。让斜面更平缓或者更陡都不会改变这个结果，因
此他进行了大胆的设想：如果斜面变得垂直(真正的落体)结果依然成立。他对
实验结果进行了数学分析：如果距离和时间的平方成正比，那么根据几何证明
可知，这个运动是匀加速运动。最后，他设想物体在真空中下落。根据亚里士多

伽利略的肖像,来自《试金者》,1623 年

德的力学,空间是某样东西存在的场所。设想什么也不存在的空间(即真空)实属自相矛盾,这是不能自洽的逻辑悖论。但是伽利略至少摆脱了亚里士多德思想的某些束缚,他设想了真空,并意识到在真空中落体的加速度与物体的重量无关,而是空气阻力让轻物体比重物体下落得慢一些。他就这样得出了自己的落体定律。

然而,对于物体为何会落在比萨斜塔的底部而不是半英里开外的地方,该定律并未提供解释。尽管如此,利用斜面和球的实验也能得出这个问题的答案。伽利略发现,如果让小球从一个斜面滚落再沿着相同角度的斜面向上滚,它会达到它被释放时的高度。如果第二个斜面更陡,则小球向上滚的距离较短;如果第二个斜面更平缓,则小球滚动的距离较长;而在两种情况下,小球总是能达到同样的高度。今天我们把这种行为看作是能量守恒的一种表现,但伽利略还看到了一些别的。他再次进行了大胆的设想:如果第二个斜面是水平面,那么小球将会一直滚动下去,因为它永远不能达到它原来的高度。伽利略据此推断:物体水平运动的自然状态就是以恒定的速度永远运动下去。

这个观念与认为任何水平运动都需要直接原因(proximate cause)的亚里士多德哲学背道而驰,它最终转变为牛顿第一运动定律,即惯性定律。解决物体从比萨斜塔下落的难题,乃至"我们为什么感觉不到地球运动"这个更普遍的问题,需要的就是这个观念。由于地球旋转,地表及其上面的每个物体都一起进行水平运动,它们的自然状态就是这样运动下去。地表的观察者和物体一起运动,在他看来,这些物体似乎处于静止。如果让真正处于静止的观察者来考察这个实验,他将看到斜塔和物体一同沿着水平方向运动,即使在物体下落的过程中也如此。因此物体径直落向塔的底部。

伽利略说,任何抛射体的运动也可以这样来解释,例如炮弹。火药爆炸为炮弹提供初始速度；在水平方向上，炮弹（忽略空气阻力）保持它的初始速率，而在竖直方向上，适用于落体定律，即使炮弹处于其轨迹的上升部分。将这两种运动结合起来，并且应用他的数学，伽利略证明任何抛射体在地表附近具有抛物线型轨迹。他在 1638 年出版的《两种新科学》(*Two New Sciences*)中写道："人们看到抛射体画出曲线轨迹，但是没人证明这是抛物线轨迹。我能证明情况的确如此，我还能证明数量不算少、也并非不值得了解的其他一些情况，后者甚至更为重要，它们开启了广博而深远的科学之门。"伽利略再一次是对的：这的确是广博而深远的科学。他发现在地球表面附近，惯性（物体在水平方向上保持恒定的速率运动）与重力（由他的落体定律描述）结合所形成的轨迹为抛物线（圆

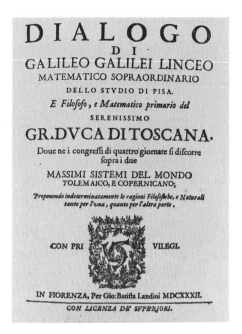

1632 年出版的《关于托勒密和哥白尼两大世界体系的对话》的标题页

由于伽利略在本书中捍卫了哥白尼的理论，他受到罗马宗教法庭的审判，并被判处终生软禁。在 1823 年之前，这本书一直被列为禁书。

锥曲线的一种），而稍晚些牛顿正是应用这一观念来证明宇宙是如何运作的。

　　伽利略与教会之间的纷争（这史诗般的故事并非本书的主题）将科学革命逐出了意大利。科学革命的种子将在英国生根发芽，其代表人物就是牛顿。然而，在科学革命向北行进的过程中，它在法国稍作停留，并在那里遇到了勒内·笛卡儿(René Descartes)。笛卡儿深谙直线；实际上，我们熟悉的 $x - y - z$ 笛卡儿坐标系就是以他的名字命名的。伽利略的惯性只在水平方向上有效；而一旦将直线在球面上延伸，匀速水平运动就变成了围绕地球中心的圆周运动。尽管伽利略聪明睿智，他也没能摆脱这残存的柏拉图式理想。笛卡儿澄清了这一问题，他把惯性定律表述成牛顿使用的形式：如果没有受到外力作用，静止的物体将保持静止，而运动的物体将进行匀速直线运动。

　　人们普遍认为艾萨克·牛顿生于 1642 年，与伽利略逝世同年，就好像地球上每时每刻都必须有一个这样的天才。实际上，根据我们的现代历法和伽利略

勒内·笛卡儿

时代意大利使用的历法,牛顿生于1643 年 1 月 4 日。在英国,由于国王亨利八世(Henry Ⅷ)的婚姻问题,国王没有采纳最新的教皇历法改革*,而牛顿的生日就变成了 1642 年 12 月 25 日。不管怎样,牛顿既是遗腹子又是早产儿。他的父亲(名字也是艾萨克·牛顿)在他出生前 3 个月不幸辞世,而初生的牛顿身体孱弱,看起来不像是能活到 84 岁的光景。

牛顿的母亲后来改嫁,他的继父在他 11 岁时过世。母亲希望牛顿长大后能帮助自己管理农庄,这是她第二任丈夫留给她的不小的资产。事实上,如果牛顿的父亲活着,或者他的继父对他多加关心的话,牛顿有可能会成为一个举止稳重且开明睿智的农场主。但是他没有这样的命运。牛顿长大成人后,一旦发起脾气来就怒气冲天,有时几近疯狂,而他在晚年宣称自己依然是童男子。但是,他也和少数的其他人一样,改变了人类的历史。

1661 年,牛顿被剑桥大学三一学院录取,尽管此时亚里士多德依然统御着大学的课程,但科学革命的气息已在空气中弥漫。牛顿在 1665 年获得了学士学位,然后为了躲避鼠疫逃回了家乡林肯郡。他在家里待了两年,而在此期间完成了许多他最为重要的发现;但是要等上相当长一段时间之后,世人才会对他的工作有所了解。

牛顿取得了辉煌的成就,而其中最重要的是他建立了一组动力学原理,后者取代了亚里士多德的世界观。到了 1687 年,当牛顿发表其巨著《自然哲学的数学原理》(*Philosophiae Naturalis Principia Mathematica*,简称《原理》)时,他将这些原理浓缩为三条定律,并补充了一定数量的定义和推论。第一条定律是

---

* 亨利八世与西班牙公主凯瑟琳的婚姻破裂,天主教教皇不允许他离婚,他遂带领英国脱离罗马教廷,创立英国国教圣公会。——译者注

他从伽利略和笛卡儿那里继承来的惯性原理：

定律 1 物体保持其静止状态或匀速直线运动状态，除非受到外力作用迫使它改变状态。

牛顿第二定律是牛顿动力学的核心，它说明物体受到外力作用时所发生的情况：

定律 2 运动的改变与施加的动力（motive force）成正比，而运动改变的方向沿着力作用的直线方向。

在发表《原理》之前，牛顿用速度（即速率加上方向）与物质的量（即质量）的乘积来定义运动的变量，这就是今天物理学家所说的动量（momentum）。在牛顿去世很久以后，人们将他的第二定律总结为公式 $F = ma$（力等于质量乘以加速度）；然而，牛顿从未将他的定律表示成这种形式。

牛顿的第三定律被称为作用力和反作用力定律：

定律 3 每个作用力都有一个相等的反作用力；或者说，两个物体间的相互作用总是大小相等，方向相反。

第三条定律帮助消除了行星运动问题中可能存在的复杂情况。行星（包括地球）体积巨大、结构复杂，它们的各组成部分相互作用，彼此施加作用力。根据牛顿第三定律，不管这些作用力是什么，它们全部会彼此抵消。行星这一块对那一块产生一定大小和方向的力，它被后者对前者产生的大小相等、方向相反的力完全抵消。由此产生的结果是：在计算行星围绕太阳运转时，可以完全忽略行星的质地和结构，而认为行星的质量全都集中在它的几何中心。

根据第三定律，太阳对行星产生作用力，行星也会对太阳产生反作用力。为了绕开由此产生的困难，牛顿在正式的证明中没有参考太阳，而是参考了"一个不动的力的中心"。实际上，他假定（这是正确的）太阳质量极大，以至于来自行星的引力对它没有产生什么影响。后来，第三定律在物理学的其他领域发挥了至关重要的作用：它是动量守恒定律、角动量守恒定律和能量守恒定律的根源。然而对于行星运动，该定律的主要用处就是"作用与反作用的所有效果可以忽略不计"。

牛顿的三大定律是动力学原理，它们取代了亚里士多德力学的"自然运动"和"剧烈运动"，适用于所有作用力和所有的物体。除了提出这些定律以外，牛顿还对太阳和行星之间的特殊的力进行了描述；行星和它的卫星之间也存在这种

牛顿的雕版画

由雷丁(B. Reading)在 1799 年根据彼得·莱利
(Peter Lely)爵士绘制的牛顿肖像制成。

力,而实际上宇宙中任意两块物质之间都存在这种力。这就是引力(force of gravity),而我们将会看到,牛顿利用开普勒的第二定律和第三定律导出了引力的性质。随后他证明:三条运动定律再加上引力的性质就能得出行星的椭圆轨道。

牛顿发明了微积分;毫无疑问,他正是用了这些强大的分析工具才得以完成自己的伟大发现。然而在撰写《原理》一书时,他还没有发表微积分。[德国哲学家兼数学家戈特弗里德·莱布尼茨(Gottfried Leibniz)稍晚些独立发明了微积分,而关于发明的优先权问题,他和牛顿之间爆发了一场旷日持久的纷争。]《原理》一书以拉丁文撰写,其中的推导采用欧几里得几何证明。这样做的原因很简单:为了向那个时代的人讲解自己的发现,牛顿必须采用他们能理解的语言。这样的表述还有另一个优点。多年以后,费曼(除了科学事务以外,他在各个方面都和牛顿不同)受到激励,发明出自己对于椭圆轨道定律的几何证明。他在关于该主题的讲座(本书第 4 章)中这样说道:"用几何方法来发现什么东西并不容易,但完成后你会发现证明过程是那么的优雅。"

人们经常引用牛顿说的话:"我之所以能看得远是因为我站在巨人的肩膀上。"这些巨人就是哥白尼、第谷、开普勒、伽利略和笛卡儿。在牛顿之前,亚里士多德的世界观坍塌后留下一片混乱,人们根本不知道用什么来代替原来的世界。牛顿以前的每一位巨人都为新世界添一块砖、出一份力,但新世界的形态和结构依然模糊不清。(笛卡儿认为他知道,但是他错了。)随着牛顿的到来,世界再次恢复了秩序,它变得可被预知,可被理解了。牛顿指出了世界如何运作;他是对的,他对开普勒椭圆定律的推导证明了这一点。很快我们就会对椭圆定律进行我们自己的证明;我们将遵循 300 多年后费曼的方法,这与牛顿的推导稍有不同。

首先,让我们先了解理查德·费曼这个人。

第 2 章　回忆费曼

1965 年，费曼因为发明量子电动力学而与朱利安·施温格（Julian Schwinger）及朝永振一郎（Shinichiro Tomonaga）分享了诺贝尔奖，此时公众对他一无所知，但是在物理学家群体中，他已然是一位富有传奇色彩的英雄。在那时，本书的两位作者都还是华盛顿大学的研究生；坐落在西雅图的大学校园环境优美，它似乎远离知识世界的中心。然而，早在 1966 年，当我（David L. Goodstein）开始寻找第一份工作时，加州理工提供了一个低温实验物理方面的机会。我受邀前往帕萨迪纳，并开了一次研讨会。

这是人们对低温物理着迷的时代。低温物理研究物质在稍高于不能达到的绝对零度时的行为，它围绕着多年来悬而未决的两个问题展开，那就是超流性和超导性。正因为这样，低温物理有着连贯而系统的学科规范，而不仅仅是各种技术的集合。液氦具有超流性这种神秘的能力，它在高于绝对零度 2 开时能无阻力地流动。许多金属具有超导性这种类似的性质：它们在低温下能不受阻力地传导电流。几十年来人们无法解释这些现象。到了 20 世纪 50 年代，这两个问题被最终解开，而费曼功不可没。随后，人们在这两个领域做出了诸多创新，例如对超导性的新认识让人们设想利用量子力学器件来设计普通电路。其中最有前景的工作基于詹姆斯·莫塞里奥（James Mercereau）的实验，他当时在加州理工攻读博士，开发了超导量子干涉仪（Superconducting Quantum Interference Device），就是在物理学界为人熟知的 SQUID。

费曼对莫塞里奥的实验大感兴趣，他经常出现在加州理工的低温物理实验室；这一方面因为他对实验兴趣浓厚，另一方面因为低温物理组有一位极具魅力的女秘书（就是后来的莫塞里奥夫人）。

在这种情况下，让我离开阴雨连绵的西雅图前往阳光明媚的帕萨迪纳，并在低温物理组做一次报告的邀请令我无法抗拒。而且加州理工还藏了一手。莫塞里奥希望增强加州理工的低温实验物理的力量，而他亲自到机场迎接我，问我是否愿意去学校报到前先和他吃顿午饭，并提到迪克·费曼*也会一道来。我们来到帕萨迪纳的一间露天餐厅，费曼很喜欢这里并时常光顾。我在吃饭时受到了不小的震撼，而现在我唯一能记住的就是我一遍遍地对自己说："西雅图没人会信这个。"到了做报告的时候我就镇定如常了，而几个月后，我们就来到加州理工工作。

理查德·费曼生于 1918 年 5 月，是露西尔(Lucille)和梅尔维尔·费曼(Melville Feynman)的长子。他一生都带有街头口音(他甚至为此特意练习过)，让人们以为他在布鲁克林长大；但他实际上是在皇后区安静的小镇法洛克威出生并长大的。

费曼很敬重自己的父亲；梅尔维尔并不十分富有，但年轻的费曼很早就被认定是天才。费曼高中毕业后前往麻省理工求学，于 1939 年获得科学学士学位，随后前往普林斯顿攻读博士。费曼在普林斯顿的论文指导老师是约翰·阿奇博尔德·惠勒(John Archibald Wheeler)，他的研究工作围绕着将最小作用原理应用于量子力学展开。费曼的博士论文为他后来某些最重要的成就奠定了基础。

当费曼在普林斯顿学习时，他平生第一次(也是唯一一次)邂逅了爱因斯坦。爱因斯坦当时在普林斯顿高级研究所任职，这个机构和大学没什么关联。然而，研究所和大学物理系的成员经常会参加彼此的研讨会。

有一天，物理系宣布博士研究生费曼将做他的首场研讨会；这不仅是一场首秀，费曼还要在会上介绍并捍卫他和惠勒研究得出的令人震惊的观点，即电子既能随着时间向前也能逆着时间向后。当时爱因斯坦和一些著名的物理学家正好在学校访问，据说他们也将出席。

可以想见，年轻的费曼非常紧张，他决定不去参加会议前的常规茶歇，而是钻到会议室去准备报告，并在黑板上写满了公式。正这样忙着时，费曼感到有人在看着他，转过身去发现爱因斯坦就站在门口。这两位伟大的物理学家相互看了一眼，然后进行了他们之间仅有的一次私人谈话。爱因斯坦说："年轻人，茶在哪儿呢？"多年后，费曼已经记不起他究竟是怎么回答的。

在普林斯顿求学期间，费曼和他梦想中的女孩阿琳·戈林鲍姆(Arlene

---

* 费曼的昵称。——译者注

Greenbaum)结了婚。当他在 1942 年获得博士学位时,美国正处于战争状态。由于费曼参与了建造原子弹的绝密计划,这对年轻的夫妇前往新墨西哥州的洛斯·阿拉莫斯。费曼加入了理论部,这个部门的领导是汉斯·贝特(Hans Bethe),这位伟大的理论学家曾指出太阳和恒星怎样燃烧它们的核燃料。阿琳由于身患结核病而生命垂危,她住进了阿尔伯克基的医院。

在洛斯·阿拉莫斯的工作中,费曼表现卓越,显然可以和那个时代的思想巨人比肩,包括贝特、恩利克·费米(Enrico Fermi)和约翰·冯·诺依曼(John von Neumann)。就在那时,成就其传奇的鲜明个性最终浮出水面:费曼喜欢恶作剧,他会破解密码打开保险柜,并在里面留下嘲讽的字条;他将寄给妻子的信剪得像拼图一样,让审查机关不得不花费大量时间把信拼起来。

在项目即将完成的某一天,费曼和洛斯·阿拉莫斯实验室的专利官一起吃中饭。尽管项目的各个方面,乃至该项目是否存在本身在当时都是严格保密的,这个官员的任务是对研究中出现的任何新发明赋予专利;可能是为了保留政府使用这些专利的权利。然而令专利官十分灰心的是,科学家们似乎没时间也没兴趣申请专利。专利官向费曼抱怨说,好了,你们这些人创造了一个全新的世界!用它一定能造出什么新的东西来!费曼稍微思考了一下,随口说道:他猜想用它可以造原子能潜水艇,或者原子能飞机。

第二天一早,费曼发现他的案头放着一叠专利申请书,等着他签字,申请项目是"原子能潜水艇"和"原子能飞机"。就这样,费曼拥有原子能潜水艇的专利;这个专利有着巨大的军事价值,但商业价值微乎其微。据说多年以后,当休斯飞机公司考虑开发核驱动原子能飞机时,他们邀请费曼出任副总裁(立刻被他拒绝),因为费曼手握这项专利。不管怎样,根据洛斯·阿拉莫斯工作人员签署的专利协议,每项专利让费曼获取 1 美元。当费曼要他的那 2 美元时,人们才发现还没有为此设立基金,因此专利官不得不自掏腰包。费曼在餐厅花掉了这 2 美元,给理论部的每个人买了橘子水和巧克力。

1945 年,阿琳在医院离世。多年后,费曼在他的《你干吗在乎别人怎么想?》(*What Do You Care What Other People Think?*)一书中记述了这感人的一幕。他借了室友的车赶往医院,守在妻子的床边。返回洛斯·阿拉莫斯后他伤心不已,不想和别人谈及妻子的离世。他的室友没有把这个消息告诉别人,安排他们两个和一些友人度过了一个平静的夜晚。多年后,费曼还能清晰记起那个夜晚其他人对他心中的秘密一无所知的场景。

战后费曼接受了贝特的推荐,前往康奈尔大学任教。在那里,他着手对光和物质的相互作用进行量子力学描述。尽管施温格和朝永振一郎各自独立地建立了等价的方法,后来还因为这项工作和他分享了诺贝尔奖,但费曼的方式最富创造性。费曼摒弃了麦克斯韦的电磁场,而是完全考虑粒子间相互作用,根据他在博士论文中概括出来的方法,以最小作用原理所确定的概率追踪所有可能的路径。(在第 3 章,我们将看到费曼采用某种最小作用原理对他的椭圆定律进行几何证明,这是该方法在物理学中诸多应用的"回响"。)他还发明了用图示法追踪复杂计算的方法,这是他的研究方式所需要的。这些图示后来被统称为费曼图(Feynman diagram)。费曼的工作简直是重塑了量子力学本身,而他的图示方法现在被广泛用于理论物理的许多领域。

1950 年,费曼离开康奈尔大学,加入加州理工学院;除了在巴西休假的一年(1951—1952 年)以外,他一直在那里工作。在加州理工,费曼将注意力转向了液氦的超流性。苏联理论学家列夫·朗道(Lev Landau)证明超流体液氦能无阻力地流动,这是因为液氦只能以非常有限的几种方式从周围环境中获取能量。费曼在量子力学中为朗道的发现找到了理论支持。费曼图后来成为这个领域重要的研究工具,但是费曼并没有用它们来求解这个问题。相反,他采用了老式的量子力学的薛定谔方程,并用他超凡的直觉猜测一个庞大的量子力学系统的本性。

在这个阶段,费曼的私人笔记表明,他还非常努力地尝试解决超导性的伴随问题(companion problem)。这个问题显然和费曼的才智非常匹配。与超流性的情况类似,对于超导性来说电流从其周围环境吸收的能量中存在带隙;此外,这个带隙还会由于金属中电子和声波(或声子)之间的相互作用而产生。该问题的这一部分非常类似电子与光波(或光子)间的相互作用,而后者是费曼的量子电动力学理论的基础。因此(与物质的超流性不同),费曼图(费曼当然对此十分精通)技术似乎特别适合这项工作。费曼的主要竞争者约翰·巴丁(John Bardeen)、利昂·库珀(Leon Cooper)和罗伯特·施里弗(J. Robert Schrieffer)也都忧心忡忡地发现了这一点。然而结果却表明,费曼的强大工具让他不可避免地沿着不能成功的方向前进,而巴丁、库珀和施里弗则早在 1957 年就发现了这个问题的突破性解。他们因为这项工作获得了诺贝尔奖,而巴丁是第二次获奖〔他和威廉·肖克利(William Shockley)及沃尔特·布喇顿(Walter Brattain)因为发明晶体管而在 1956 年第一次获奖]。

　　费曼尝试过却没有攻克的问题绝非仅有超导性。在费曼的一生中,他还涉足诸如实验生物学、统计力学、玛雅象形文字以及计算机器物理学,并取得了不同程度的成功。费曼极不情愿宣扬或发表他没有十足把握的结果,他也不愿意把竞争对手的荣耀占为己有;因此费曼发表文章的名单不长,而且这些文章几乎没有错误。

　　费曼来到加州理工后不久,默里·盖尔曼(Murray Gell-Mann)也来了;盖尔曼由于揭示物质基本粒子的对称性在 1969 年赢得诺贝尔奖。有了费曼和盖尔曼,加州理工成为理论物理研究的中心。1958 年,他们联合发表了名为《费米相互作用理论》(Theory of the Fermi Interaction)的文章,解释了后来所谓的弱相互作用,而就是这种基本作用力控制了某些核粒子的衰变。费曼和盖尔曼当时就注意到他们的理论与实验相左,但是他们有足够的信心发表文章。人们后来证实是实验出错了,他们的理论是对的。

费曼和盖尔曼,1959 年

　　同样是在这个时期,费曼对盖尔曼和乔治·茨威格(George Zweig)的研究工作助力;茨威格也是加州理工理论物理学教授,他与盖尔曼分别提出了夸克理论——现今描述物质本性的核心观念。

1952 年,费曼与主修装饰艺术史的大学讲师玛丽·路易斯·贝尔(Mary Louise Bell)结婚;他们在 1956 年离婚。1960 年 9 月 24 日,费曼缔结了他的第三次,也是最后一次婚姻,他迎娶了格温尼思·豪沃思(Gweneth Howarth)。1962 年,他们的儿子卡尔(Carl)诞生,而在 1968 年,他们领养了女儿米歇尔(Michelle)。费曼在他的同事中建立了这样的印象:他经常绘制裸女素描,并时常光顾无上装酒吧;但他的私生活实际上中规中矩。费曼把家安在距离校园不远的阿尔塔迪纳住宅区,他在那里舒服地享受家庭生活。

1961 年,费曼接受了一项任务,他同意向加州理工的学生讲授为期两年的物理学入门课程;这将会对整个科学界产生深远的影响。人们对费曼的讲座进行了录音和誊写,并对他写满公式、画满草图的黑板拍照。根据这些素材,费曼的同事罗伯特·莱顿(Robert Leighton)和马修·桑兹(Matthew Sands)在罗胡斯·伯格特(Rochus Bogt)、格里·诺伊格鲍尔(Gerry Neugebauer)和其他人的帮助下,编撰了三卷本的《费曼物理学讲义》(The Feynman Lectures on Physics,简称《讲义》)*,而它们已经成为经久不衰的科学经典著作。

费曼是一位伟大的老师;即使是最深奥的观念,他也能设计出让初级学生也听得懂的方法来解释,他对此也很得意。有一次我对他说:"迪克,为什么自旋为 1/2 的粒子服从费米-狄拉克统计,解释一下,让我能理解它。"费曼总是能很好地估量听众的水平,他说:"我准备给新生讲讲这个题目。"但几天后他对我说:"我做不到。我不能把这个题目的难度降低到新生的水平。这意味着我们并没有真正理解它。"

费曼向加州理工 1961—1962 学年的新生讲授了"费曼讲座",并在 1962—1963 学年向同一批学生讲授了第二年的课程。费曼对物理学主题的选取不拘一格:他既能精力充沛地描述水流现象,也能兴致勃勃地探讨弯曲时空。在这个入门课程所涵盖的主题当中,费曼最显著的成就可能是他塑造的量子力学(《讲义》的第 3 卷);尽管稍作掩饰,但这实际上就是他自己创建的量子力学新观点。

尽管费曼在课堂上的表现引人入胜,但是 1961—1963 学年的授课是他少有的正式本科生课程之一。在他之前和之后的教授生涯中,费曼的主要授课对象

---

* 《费曼物理学讲义》3 卷、《费曼物理学讲义习题集》《费曼物理学讲义补编》的中文版本由上海科学技术出版社出版。——编注

是研究生。本书要介绍的讲座并不是"费曼讲座"的一部分,而是 1964 年冬季学期末针对新生班级的"客座讲座"。在那时,伯格特已经接手了物理学入门课程的讲授,他邀请费曼给学生做一次讲演好让他们开心。《讲义》作为入门教材从未获得过成功,即使在它们的发源地加州理工也没有。相反,对那些沿着传统路径掌握了物理学的科学家来说,《讲义》是为他们提供丰富洞见和灵感的源泉。

费曼在 1965 年获得了诺贝尔奖,而这直接导致他经历了一段低潮期;他质疑自己是否还有能力在理论物理前沿做出有用的原创性贡献。就在这个时期,我加入了加州理工。现在由诺伊格鲍尔讲授费曼物理学课程。费曼授课时,诺伊格鲍尔作为年轻的助理教授,承担了向 200 多个学生布置作业的艰巨任务;任务的主要困难在于,没有人(甚至是费曼本人)知道他要讲些什么。就像本书第 4 章介绍的"失落讲义"那样,费曼只会带着一两张书写潦草的笔记走上讲台。诺伊格鲍尔为了让自己的工作容易一些,会在每次讲座后和费曼、莱顿以及桑兹在餐厅一起吃中饭。历代学生都把加州理工餐厅称作"油腻"(The Greasy)餐厅,而优雅的教工俱乐部——雅典娜神殿(Athenaeum)不符合费曼的风格。在午餐时,他们对讲座进行"复盘",莱顿和桑兹竞相发言,讨费曼的欢心,而诺伊格鲍尔则拼命想抓住讲座的中心脉络。

"我不想立刻把它打开,因此装模做样地捣鼓一番。"

费曼向加州理工学生讲授自己如何在洛斯·阿拉莫斯开保险箱的故事,1964 年。

费曼和莱顿,1962 年

黑板前的费曼,1961 年

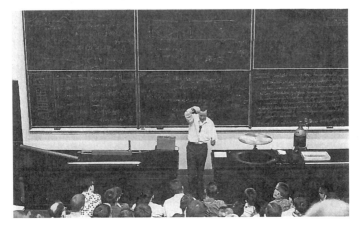

费曼演示波的运动,1962 年

在 1966 年，诺伊格鲍尔成为主讲教师，而我则担任助教；讲座补充了一些小的复习课，我负责其中一个。在"油腻"餐厅的传统午餐还在继续，费曼依然会参加。我们就在这里探讨如何讲授物理学，这让我第一次真正了解了他。那个秋天，费曼受到次年 2 月前往芝加哥大学做公开讲座的邀请。费曼起初想拒绝（几乎每天都有人邀请他作报告），但随后说，如果我能一同前往的话，他就接受邀请并介绍我们关于授课的看法。费曼作报告会得到高得离谱的酬金（1 000 美元），他说可以抽出一部分来支付我的差旅费。我用 1 微秒左右的时间仔细考虑了一下，就同意了。当费曼告诉芝加哥大学我会伴他同行时，他们无疑对我是何方神圣以及需要我的原因感到困惑，但他们欣然同意邀请我，并付给我酬劳。

在芝加哥，费曼和我在芝加哥大学的四方庭（Quadrangle）教工俱乐部共用一个套房。费曼做完报告后，我们去看朋友，在他们家里吃晚饭。第二天早晨，我下楼吃早饭的时间有点晚。费曼已经在那里了，正和一个我不认识的人一起进餐。我和他们坐在一起，彼此含糊地介绍一番后，我就迷迷糊糊地喝着清晨第一杯咖啡。听着他们的谈话，我逐渐搞清楚这个人是詹姆斯·沃森（James Watson），正是他和弗朗西斯·克里克（Francis Crick）一道发现了 DNA 的双螺旋结构。沃森带着一本名为《诚实的吉姆》[*Honest Jim*，后来出版商把书名改成了《双螺旋》（*The Double Helix*）]的打印稿，他希望费曼能读一读，并为书皮贡献点评语。费曼同意看一看文稿。

当天晚上，为了欢迎费曼，大学在四方庭俱乐部举行鸡尾酒会和晚宴。在酒会上，主持人焦急地问我费曼在哪里。我上楼在套房内找到费曼，发现他正醉心于阅读沃森的文稿。我提醒他说，他作为主宾必须去参加酒会。费曼不情愿地下楼了，但是晚宴一结束他就在礼仪允许的最早一刻跑开了。参加宴会的人散去后，我回到套房，而费曼正在起居室等着我。他说："你一定要看看这本书。"

我说："当然，我会看的。"

"不，"费曼说道，"我说的是现在就看。"

就这样，我坐在套房的起居室里，从凌晨 1 点看到清晨 5 点，而费曼就在一旁焦急地等着我看完。我读的文稿就是后来的《双螺旋》。其间，我抬起头说："迪克，这个家伙要么绝顶聪明，要么非常幸运，他总是说自己比这个领域的其他任何人知道的都少，但还是做出了这么重要的发现。"在我读文稿时，费曼一直在笔记簿上焦急地写写画画，听到我这么一说，他从房间那头径直冲到我面前把笔记簿展示给我看。上面写了一个词，他在其周围绘图装饰，就好像精心制作的中世纪手稿一样。这个词是"不予理会！"（Disregard!）

"我把这个给忘了！"他大声喊道（就在深更半夜），"你必须专注于自己的工作，而不要管其他的人做些什么。"天一亮，费曼就给妻子格温尼思打电话，他说："我想清楚了，现在我可以恢复工作了。"

到了 20 世纪 60 年代末，费曼恢复了活力，他关注的问题将在后续 10 年或更长的时间内占据他的注意力。对于像中子和质子这样的重粒子来说，它们以极高能量发生的碰撞可以完全由其内部组成部分的相互作用来描述。这就是部分子（parton）理论，而粒子的内部组成部分就是盖尔曼和茨威格之前提出的夸克；他们后来添加了所谓的胶子（gluon），因为胶子的作用就是将夸克"胶合"在一起。这个模型成功地预测了高能粒子加速器的实验结果，取得了令人瞩目的成功，以至于物理学界普遍接受了夸克理论；尽管人们证明，从质子或中子内部提取一个夸克进行单独研究是不可能的。

费曼的幽默感和他身上的所有特质一样出彩。1974 年，两个实验室[斯坦福线性加速器（SLAC）和长岛的布鲁克海文国家实验室]几乎同时发现了一种新的粒子，这在物理学界引起轰动。该粒子被布鲁克海文组称为 J 粒子，而被 SLAC 组称为 ψ 粒子，它很快就被称作 J/ψ 粒子。人们绘制检测信号随加速器束流能量的变化曲线，而凭着两条非常窄的峰（即所谓的共振峰）发现的这个粒子。对于所有其他的加速器束流能量，检测器只记录了毫无意义的低水平背景噪声。在那时，我担任加州理工物理系学术委员会的主席。由于人们知道我和费曼是朋友，委员会敦促我邀请迪克来开一个学术报告会，解释这令人震惊的新发现的含义。费曼立即同意了，并向我勾画出他设想的讲座类型。我们圈出他最近的有空的日子（1975 年 1 月 16 日），就把这件事定下来了。当我在自己的研讨会日历上记下这个日子后，就认为木已成舟而把它彻底抛在脑后了。

指定日期的 3 周之前正好是圣诞假期，加州理工《日历周报》的编辑给我打电话，说要立即发表费曼教授的报告会标题。费曼此时正在北下加利福尼亚州的家庭疗养院中休假，而疗养院里故意没有安装电话。我有了大麻烦。

我为费曼的报告发明了一个标题《两条窄共振峰的宽广的理论背景》（The Broad Theoretical Background of Two Narrow Resonances）。对物理学家来说这有点文字游戏的味道（"窄"和"宽"相对），而其他人则体会不出这个滋味。但是这个标题的确很好地描述了费曼计划要做的报告。我给我们共同的朋友马修斯(Mathews)打电话,问他的意见。马修斯听到这个题目后哈哈大笑,但迅速冷静下来之后说:"别这么做,迪克对其他所有的事都有幽默感,但唯独对物理学没有任何幽默感。"

但我确实喜欢自己发明的标题,并且它还让马修斯发笑。我致电告知《日历周报》的编辑,然后就不再想这件事了。

费曼的报告会是新一年中的第二个。在第一个报告会的那天(1 月 9 日,星期四),下午 4 点 45 分我们聚在一起喝茶。这是圣诞假期后我第一次看到费曼,而我一下子想起了所有的事。我还意识到那天已经把下周的日历公布了,而费曼可能已经看到了我创作的标题。我慌乱到极点,但还是硬着头皮去面对。我有些语无伦次,说:"迪克,对不起,我必须给他们一个标题,而你恰好不在,所以我尽力发明了一个。"

他顺着鼻梁向下盯着我看(这只有他能做得到),让我心里直发毛。他说:"没关系,"所用的语调让我知道这件事还没完。"没关系,"他又意味深长地重复了一遍。

喝完茶几分钟后,我们上楼来到神圣的会堂,从"无法追忆的过去"(实际上是 1921 年)开始,加州理工物理学报告会就在此举行。费曼照常在第一排我的旁边就座;根据不成文的规定,前排留给物理学教授。这次报告的标题是《原子核的平衡化过程》(Equilibration Processes in Nuclei),报告人是斯蒂文·库宁(Steven Koonin),他当时是麻省理工的研究生(现在是加州理工的教务长);报告内容全是理论和技术,很难懂。在报告过程中,费曼一直在我耳边低声评论,还说些俏皮话,结果等到报告结束时,我根本就没听懂库宁论证了些什么。

在报告的末尾,另一位前排就座者,核物理学家福勒(W. Fowler)提了一个问题。(1983 年,福勒因为对恒星中元素生成的研究赢得了诺贝尔奖。)尽管我对报告的大部分内容不理解,但我认为我理解福勒的问题,而且我还知道问题的答案。为了表示礼尚往来,我在费曼的耳边嘀咕了我的答案。费曼立刻把手举了起来。

在那时,对于到加州理工物理系做报告的人来说,听众包括费曼和面目模糊的一些其他人。当费曼的手举起来时,年轻的库宁刚刚绞尽脑汁回答了福勒的问题,他立即请费曼发言,并显然舒了一口气(该来的终究来了)。费曼郑重其事地站起身(在报告会后的提问回答环节从来没有发生过这档子事)。"古德施坦(Goodshtein)说"——他用洪亮的声音说出我的名字,故意发错音让它听起来像是德语中"爱因斯坦"的发音——"古德施坦说……,"他继续给出我的答案,不是用我向他低语时的词句,而是采用高雅、优美,我不可能用到的措辞。

"就是这样!"库宁大声说,"这正是我要说的!"

我恨不能钻到椅子下面,此时费曼说:"很好,别问我,我根本不理解,这都是古德施坦说的。"费曼实施了报复。再也没有人提及这个问题。

1979 年 6 月初的一个星期五,费曼的秘书海伦·塔克(Helen Tuck)给我打电话,平静地告诉我说费曼被告知罹患胃癌,他将在下周末去医院做手术。手术很凶险,医生也没有十足的把握。对于费曼的状况我要装作一无所知。

这个星期五加州理工举行毕业典礼,费曼穿着长袍参加入场仪式。我告诉他有人发现我们共同完成的一项工作中有个错误,但我找不出错误的根源;他想和我讨论一下吗?我们约定周一上午在我的办公室碰面。

周一上午,我们投入工作;或者说他投入工作。站在他身后,我看着他发表评论、嘴里念念有词,不禁心生感慨;这个人,这个即将接受一台可能要他命的手术的人,正兴致勃勃地研究着二维弹性理论中一个不起眼的问题。在教科书中就能找到这个问题的答案,但这不是重点。当我们一起从事这项原创工作时,费曼坚持要自己推导出这些微小的结果(在无上装酒吧的餐巾上),而我们没有应用标准公式进行检验就不甚明智地发表了结果(这是一个庞大理论中的一小部分)。在那段时间,尽管费曼经常光顾无上装酒吧,但他担心会损害脑力因而从不喝酒,因此这不是醉酒状态下进行的推导。不管怎么说,什么地方出错了。问题是,他犯了什么细微的错误而导致了略有出入的结果呢?

我们最终也没有找到问题所在。下午 6 点,我们承认没戏了,然后就分开了。两个小时后,费曼打电话到我家,说他找到答案了!他兴奋地告诉我说,他根本停不下来,并终于把问题找到了。他向我口述了问题的答案。费曼欣喜若狂,尽管 4 天后他就要入院接受他的首次癌症手术。

那个周末,医生从他体内切除了一个很大的肿瘤,但医生认为切除得很彻底,并给出了乐观的预测。然而费曼最终还是死于癌症。

20 世纪 80 年代,在费曼生命的最后 10 年中,他成为名副其实的公众人物,也许是继爱因斯坦之后最著名的科学家。在他学术生涯的早期,虽然费曼已经在科学家群体中建立了特立独行的形象，但他不愿意受到公众的关注。他甚至曾想拒绝接受诺贝尔奖，但随后意识到这反而会让他获得更大的关注。然而，在他学术生涯的晚期，一系列事件让费曼成为名人。

1985 年，《别逗了，费曼先生！》(Surely You're Joking, Mr. Feynman!)风靡一时，成为畅销书。这本书由拉尔夫·莱顿(Ralph Leighton)收集整理，由爱德华·哈钦斯(Edward Hutchings)编辑；前者多年来一直和费曼一起练习打手鼓，并听费曼唠叨自己的奇闻轶事，而后者是加州理工新闻学的资深讲师。这本书的副标题是《怪才历险记》(Adventures of a Curious Character)，它记述了费曼在科学之外的冒险：从费曼在洛斯·阿拉莫斯实验室的滑稽行为到他在里约狂欢节上的舞蹈。这本书用不同寻常的视角描述了伟大科学家的游戏人生，一下子捕获了公众的心；但公众根本不知道费曼因何获得如此大的学术声誉。3 年后，第 2 卷《你干吗在乎别人怎么想？》问世，依然由拉尔夫·莱顿记述。

然而，这时发生了震惊整个美国的一场灾难。1986 年 1 月 28 日，挑战者号航天飞机刚刚升空就发生了爆炸。观看直播的几百万人目睹了这幕惨剧，而电视上连续的滚动播放把爆炸的惨烈场景深深印在人们的脑海中。几天后，美国国家航空航天局(NASA)的代理主管威廉·格雷厄姆(William Graham)致电费曼，邀请他加入空难调查总统委员会。格雷厄姆曾在加州理工学习，并且参加过费曼在休斯飞机公司的定期讲座。

这个委员会由美国前国务卿威廉·罗杰斯(William P. Rogers)领导，他和这位自信满满的科学家相处得不甚融洽。费曼没有让不断发展的病情阻碍自己的研究(他自命为进取的研究者)。在一次面向全国的电视听证会中，他的公众声誉达到了顶峰；他用钳子把航天飞机固体燃料推进器的一块垫圈材料夹扁，然后丢在冰水中，由此证明垫圈材料在冰点会失去弹性。(费曼的演示在当时产生了戏剧性的效果，而他实际上事先精心演练过。)后来证明，这个失误的确是造成挑战者号空难的主要原因。

关于天体运动的费曼失落的讲义绝不是唯一的针对加州理工本科生的特别讲座。多年来，费曼经常受邀给本科生做客座讲座，他几乎总是应允。1987 年 3 月 13 日他做了最后一场讲座。我那时向新生讲授物理学入门课程，而费曼应我的请求做秋季学期的最后一次讲座。

费曼此次讲座的主题是"弯曲时空"(爱因斯坦的广义相对论)。然而，在开始讲座前他讲了几句话,说的是让他十分激动的话题。3 周前,人们在银河系的边缘发现了一颗超新星。费曼对听众说:"第谷·布拉赫有他的超新星,开普勒也有他的。随后 400 年来没有一颗超新星出现。现在我有了我的那颗。"

费曼还没开口,新生就已有足够的理由心怀敬畏,这一番话更让他们目瞪口呆。迪克对他创造的效果甚为满意,他咧嘴笑着说:"你们知道,银河系有几千亿颗恒星,10 的 11 次方。人们曾认为这是很大的数值,而我们用'天文数字'(astronomical number)来形容大的数值。今天,这个数值比国债的数值小,我们应该把大的数值称为'经济数字'(economical number)。"报告厅爆发出笑声,而费曼开始了他的讲座。

11 个月后,理查德·费曼于 1988 年 2 月 15 日辞世。

第3章 费曼对椭圆定律的证明

费曼的笔记上写着这样一句话:"简单事物有简单的证明。"他随后把第二个简单划掉,代之以"基本"。他头脑中的"简单事物"是开普勒第一定律,即椭圆定律。他打算给出的证明过程的确非常基本,因为其中只用到了高中几何,但是它绝不简单。

证明之初,费曼提醒我们椭圆是某种被拉长的圆,我们可以用两个大头钉、一段细绳和一支铅笔来绘制,方法如下:

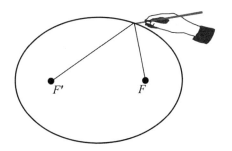

大头钉所处的位置点被称为椭圆的焦点。细绳被拉直:从一个焦点沿直线到达椭圆上一点,然后再从该点沿直线抵达另一个焦点。在铅笔沿曲线运动时,细绳的总长度保持不变。下图为更恰当的几何图示:

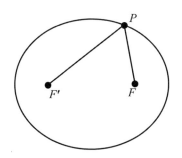

其中 F' 和 F 是两个焦点,而 P 是曲线上的任意点。无论 P 位于曲线上何处,从 F' 到 P 再返回 F 的距离总是相同的。

这里有一点值得关注:如果固定大头针的位置,采用稍短的细绳,就会得到另一个椭圆,它位于前一个椭圆的内部;反之,如果采用稍长的细绳,得到的椭圆就会位于前一个椭圆的外部。由此可知:对于平面上的任意点 q,如果从 F' 到 q 再到 F 的距离小于从 F' 到 P 再到 F 的距离(换句话讲,q 是用短一点的细绳能达到的任意点),则点 q 就位于原来的椭圆的内部。同理,对于平面上的点 Q,如果 $F'Q + QF$(它表示从 F' 到 Q 的距离加上从 Q 到 F 的距离)大于 $F'P + PF$(原细绳的长度),则点 Q 位于原椭圆的外部。下图描绘了这个观念:

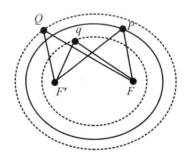

使用不同长度的细绳绘制得到的椭圆

椭圆外部的任意点 Q 位于较大的椭圆上,该椭圆可由较长的细绳得到;椭圆内部的任意点 q 位于较小的椭圆上,该椭圆可由较短的细绳得到。

在后续讨论中,费曼用到了这个观念,但他没有像我们这样予以证明,而是让学生自行证明。

椭圆还有另一个性质。如果在焦点 F 放置灯泡,而椭圆的内表面像镜面一样反射光,那么所有的反射光线将会聚在另一个焦点 F',如下图所示:

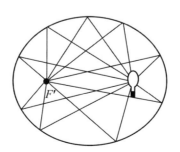

反之亦然：一个焦点发出的所有光线将会聚在另一个焦点。费曼把这一点称为椭圆的第二个基本性质，他随后证明这两个性质实际上等价。（他的策略是要带领我们得出椭圆另一个更神秘的性质——后续将被证明是不可或缺的性质。）

　　在椭圆上标出任意点 P，那么在椭圆（或任意其他曲线）上的这一点存在唯一一条直线，该直线与曲线接触而不穿过曲线，如下所示：

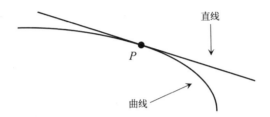

这条直线被称为曲线在这一点的切线。如果光线在曲线上的任意点发生镜面反射，则情况如下所示：

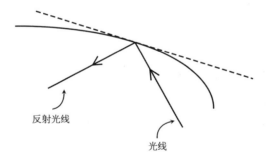

反射光线的路径和光线在该点被切线反射后走的路径完全一样，如下所示：

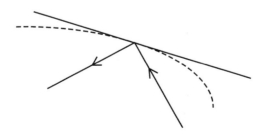

　　被曲线反射的光线好像是被该点的切线反射的光线，其原因在于切线指明了曲线在这一点的方向。如果我们绘制一条曲线，以及它在某点的切线：

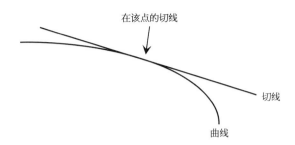

然后将这一点附近的图像放大,则发现放大后的曲线几乎与切线重合:

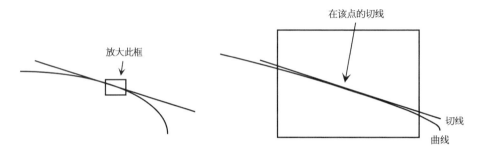

观察时靠得越近,就会发现曲线和该点切线的差异越小。因此,如果光线被曲线上的一点反射,那么它就好像被这一点的切线反射一样。同理可以得出切线的另一个性质:如果曲线表示运动物体的路径,那么切线就给出了物体在每一点的运动方向;我们稍后将用到这个重要的性质。当我们考虑行星围绕太阳运转形成的椭圆轨迹时,椭圆上每一点的切线就给出了行星在该点的瞬时速度的方向。

平面镜反射定律说明,入射光线和反射光线与镜面的夹角相等:

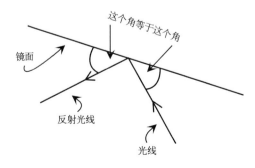

因此我们有光线的性质:

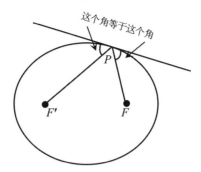

从 F 到 P 的入射光线与过点 P 切线的夹角,等于从 P 到 F' 的反射光线与切线的夹角。我们的任务是证明该陈述与下述说法等价,那就是"对于椭圆上的任意点 P,距离 $F'P$ 加上距离 PF 的和总是相同的"。

证明需要作新的图。过点 F' 作切线的垂线:

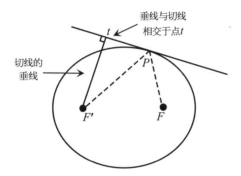

然后延长垂线至点 G',令 $F't = tG'$:

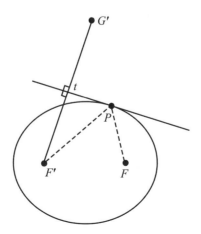

这样一来,过点 P 的切线就是线段 $F'G'$ 的垂直平分线。费曼称点 G' 为点 F' 的像点(image point)。他指的是:如果切线的确是面镜子,那么点 F' 照镜子会看到自己的像(即点 G'),它就位于镜子后方相等的距离处。

　　我们还要继续作图。用直线把点 G' 和点 P 连起来:

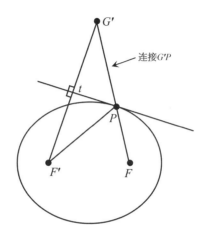

现在考察我们构造的两个三角形,一个用实线而另一个用虚线表示:

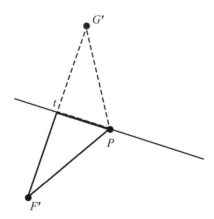

这两个三角形全等(congruent),这意味着它们除了取向不同以外各个方面均相同。下面给予证明。由于我们构造的交点 t 是两条垂直直线的交点,因此每个三角形有一个直角:

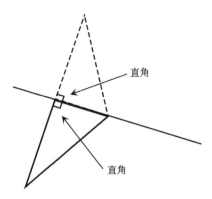

它们共用一条边：

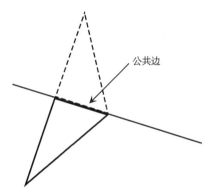

根据我们的作图，它们的另一条边长度相等（请记住，切线平分线段 $F'G'$）：

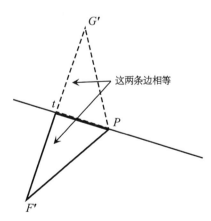

当两个三角形的一个角和两条边分别相等时，它们全等；证明完毕（QED）。三角形全等意味着它们所有的对应边相等，特别是 $G'P$ 等于 $F'P$：

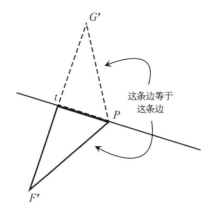

而角 $F'Pt$ 和角 $G'Pt$ 相等：

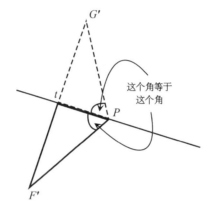

好了，现在回到完整的图示，看看我们掌握了些什么。

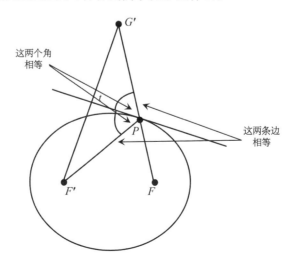

走到现在这一步,我们很容易迷失;忘了假定了什么,以及想要证明些什么。为了搞清楚状况,让我们重新作图。绘制两个点 F' 和 F;它们暂时没有什么特殊意义,只不过是平面上任意两点:

然后从 F' 向任意方向绘制直线:

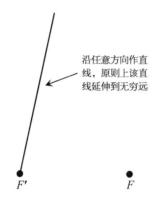

沿任意方向作直线,原则上该直线延伸到无穷远

在直线上选取点 t,过该点作直线的垂直线。点 t 必须离 F' 足够远,好让垂线不从 F 和 F' 之间穿过:

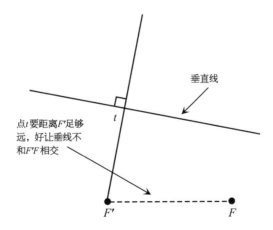

垂直线

点t要距离F'足够远,好让垂线不和$F'F$相交

在过点 F' 的直线上标出点 G',令 $F't$ 与 tG' 相等。这样一来,我们构造的垂直线就是 $F'G'$ 的垂直平分线:

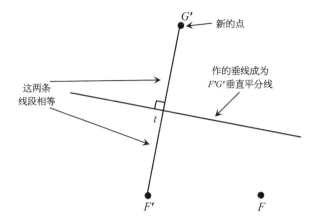

下面绘制直线连接 G' 和 F：

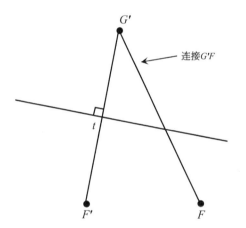

该直线与垂直平分线相交于点 P，连接点 P 和 F'：

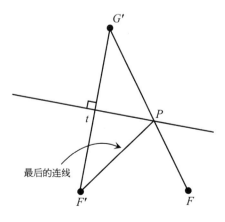

这两个三角形全等,因此角 $F'Pt$ 和角 $G'Pt$ 相等:

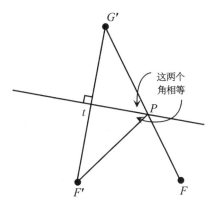

而角 $G'Pt$ 还等于它的对顶角(两条直线相交时,对顶角相等):

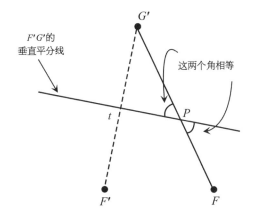

因此,所有这些角都相等:

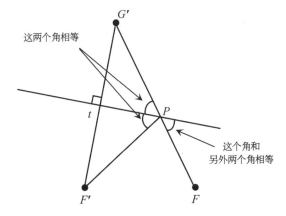

这意味着垂直平分线在点 P 将 F 发出的光线反射到 F'，因为在这一点入射角等于反射角。不止如此，直线 FPG' 还有一个非常棒的性质，我们考察全等三角形就能看出来：

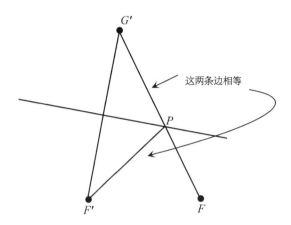

这两条边相等

由于三角形全等，$F'P$ 等于 $G'P$，因此从 F' 到 P 再返回 F 的距离就等于从 F 到 G' 的直线距离。但这段距离就是我们绘制最初的椭圆时采用的细绳的长度。换句话讲，如果我们用细绳方法绘制椭圆，那么 G' 就是我们把细绳拉直所达到的点：

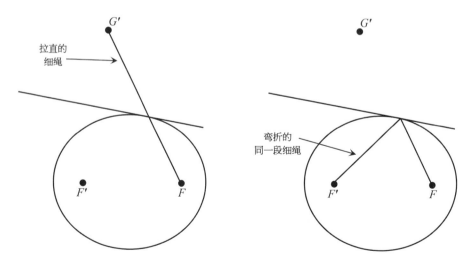

拉直的细绳

弯折的同一段细绳

因此，我们发现了一个古怪但很了不起的新方法来构造椭圆。先在平面上取两个点，F' 和 F，然后取一段长度大于 $F'F$ 的细绳，将它的一端固定在点 F。沿任意方向拉直细绳，标记细绳的端点，并称之为 G'：

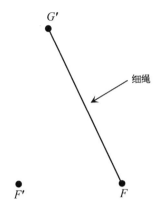

随后连接 F' 和 G',绘制 $F'G'$ 的垂直平分线,则垂直平分线与 FG' 交与点 P:

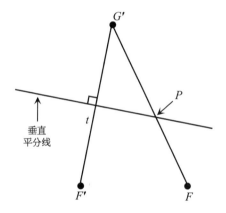

现在以 F 为圆心,令细绳的端点 G' 画出一个圆圈:

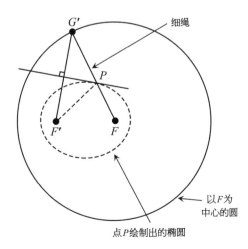

与此同时，FG' 与 $F'G'$ 的垂直平分线的交点 P 画出了一个椭圆，它与我们之前用大头钉把细绳的两端固定在 F' 和 F 时画出的椭圆完全相同！由于已经证明过，因此我们知道对于这样构造的 P 来说，FPG'（从 F 到外面的圆圈）总是等于距离 FPF'（即构造椭圆的折线）：

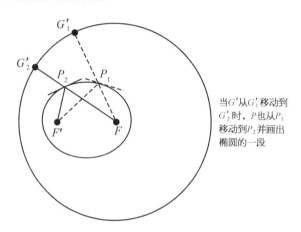

当 G' 从 G'_1 移动到 G'_2 时，P 也从 P_1 移动到 P_2 并画出椭圆的一段

因此，在每一个圆的内部都潜藏着一个偏离中心（off-center）的椭圆。然而，尽管这很有趣（后续还会发现它很有价值），但这不是我们要证明的性质。

我们要证明的是：用细绳-大头钉构造椭圆的方法与椭圆将光线从 F 反射到 F' 的性质等价。我们有一个利用细绳-大头针构造法得到的椭圆（即对于椭圆上每一点，$F'P + PF$ 的值保持不变），以及一条直线，它将 F 发出抵达点 P 的光线反射到点 F'，并满足入射角等于反射角。这条反射直线恰好就是 $F'G'$ 的垂直平分线：

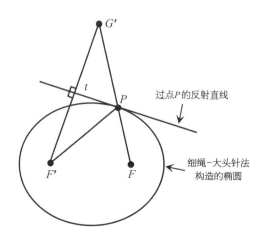

过点 P 的反射直线

细绳-大头针法构造的椭圆

下面只需要证明一点：过点 P 的反射直线也是过该点的椭圆的切线。我们知道，椭圆上每一点的切线都有这种镜面反射的性质。因此，如果过点 P 的反射直线也和椭圆在该点相切，那么椭圆就会将从 F 射到点 P 的光线反射到 F'，我们已经证明了这两个性质（细绳-大头针作图以及一个焦点发出的光线被反射到另一个焦点）彼此等价。

通过表明点 P（通过作图）既位于反射直线上也位于椭圆上，而直线上的所有其他点都位于椭圆的外部，即可证明反射直线为切线。任意曲线在某点的切线都有这个特性：切线与曲线接触而不穿过曲线。如果直线在点 P 穿过椭圆，那么必然有一部分直线位于椭圆的内部：

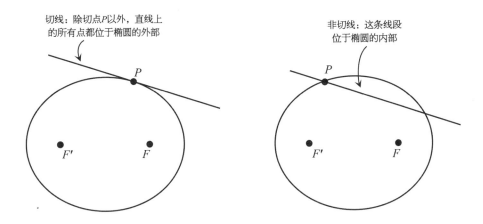

继续作图，在反射直线上选取另一个点 Q，将它与 F'、G' 连接：

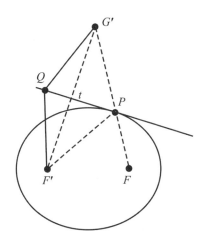

很容易看出,$F'Q$ 和 $G'Q$ 的长度相等(PQ 是 $F'G'$ 的垂直平分线,而三角形 $F'tQ$ 和 $G'tQ$ 全等,如此这般。QED)。现在绘制连线 QF:

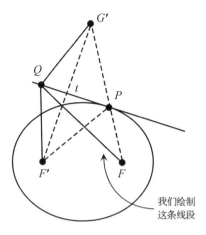

从 F' 到 Q 再到 F 的距离等于从 G' 到 Q 再到 F 的距离;因为我们知道前半段 $F'Q$ 和 $G'Q$ 相等,而后半段 QF 是它们共有的。现在比较 $FQ + QG'$(实线)和 $FP + PG'$(虚线)的长度:

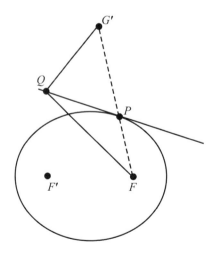

显然 FPG' 较短;因为它是直线,而两点间直线段的长度最短。但是我们已经表明,实线段 $G'QF$ 的总长度就等于实线段 $F'QF$ 的总长度,而虚线段 FPG' 的总长度等于虚线段 FPF' 的总长度(前面已经证明过,它就是细绳的长度):

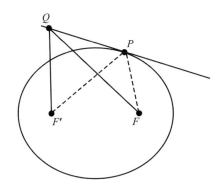

　　我们已经证明,实线段的总长度大于虚线段的总长度。换句话讲,如果我们要用细绳-大头针作图抵达点 Q,那么所用的细绳就要比抵达点 P 的细绳更长。更早些时候我们已经证明,这意味着由此构造的所有点都位于椭圆的外部。因此,反射直线在点 P 与椭圆相切。QED。

　　谈到 QED,这种证明方法还有一点特别有趣。我们实际上已经证明,对于从 F' 射向切线再返回 F 的所有路径,在点 P 发生反射的路径最短。这是费马原理(光在两点间总是沿最快速的路径传播)的应用特例,它也与费曼对量子电动力学(quantum electrodynamics,缩写为 QED)的研究方法紧密相关;费曼就是凭着这项研究赢得了诺贝尔奖。费马原理是最小作用原理的特例。

　　不管怎样,费曼已经表述了关于椭圆我们需要了解的所有东西。他转而讨论动力学——也就是力和力引发的运动。费曼在笔记中绘制的草图是他从牛顿的《原理》中直接抄来的,比较两者就能清楚地看出这一点:

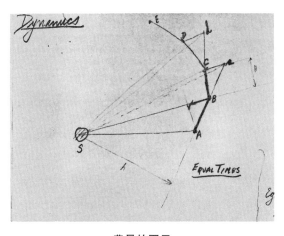

费曼的图示

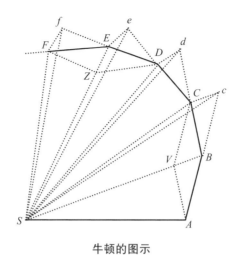

牛顿的图示

在牛顿的图示中,S 表示太阳的位置(所谓的"不动的力心"),而 A,B,C,D,E 和 F 表示围绕太阳运转的行星的连续位置;这些位置间隔的时间相等。行星的运动是两种效应竞争的结果,它们是行星如果没有受力时保持匀速直线运动的趋势(即惯性定律)和行星受力(即指向太阳的引力)时产生的运动。实际上,这两种效应结合起来产生光滑的曲线轨道,但是为了进行 17 世纪的几何学分析,牛顿用一系列的折线表示轨道,其中惯性产生的直线段被几乎是瞬时施加的太阳力突然改变方向。因此,第一段轨迹是这样产生的:

在一段时间内,如果行星没有受力,它将从 A 运动到 B。在下一个相等的时间间隔内,如果行星没有受力它就会继续沿直线运动相等的距离 Bc:

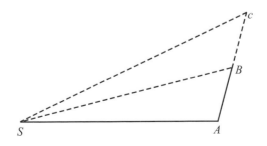

然而,太阳力对 B 点的行星施加冲量,引发指向太阳的运动分量 BV:

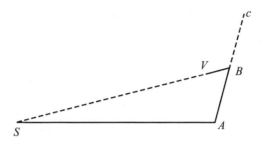

利用平行四边形法则,将行星没有受力时的运动 Bc 和受到太阳力后的运动 BV 结合起来,而对角线就是"实际"的运动:

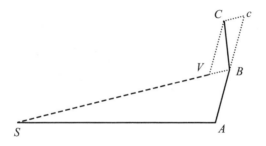

就这样,行星"实际上"沿着路径 ABC 运动。请注意 Cc 并未指向太阳;Cc 与 VB 严格平行,后者才指向太阳。此外,所有这些点都位于一个平面:任意 3 个点(S, A, B)定义一个平面。S 与 A 和 B 连接的直线处于该平面内。线段 BV 位于 BS 上,因此它也位于该平面内。线段 Bc 位于 AB 的延长线上,它也位于该平面内。以 BV 和 Bc 为边构造平行四边形,对角线 BC 必然也位于该平面内。现在对每一个点重复这个过程,而下一步就是这样的:

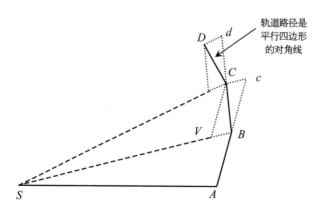

轨道路径是平行四边形的对角线

依此类推。最后，牛顿不断缩小时间间隔进行同样的分析，从而让得到的路径
$ABCD\cdots$ 任意逼近光滑的轨道，而惯性和太阳力在轨道上的作用都是连续的。
这个轨道总是处于一个平面内。

在缩短时间间隔之前，牛顿（以及费曼）现在证明行星轨道在相等的时间
内扫过相等的面积。换句话讲，行星在第一个时间间隔扫过三角形 SAB，在
第二个时间间隔扫过三角形 SBC，而这两个三角形的面积相等，依此类推。
然而，第一步是要证明三角形 SAB 和 SBc 的面积相等，后者是如果行星没有受
到来自太阳的力时，它在第二个时间间隔扫过的三角形。这三个三角形是这
样的：

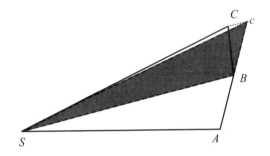

三角形的面积等于 1/2 底乘以高。例如计算三角形 SAB 的面积，可以取
SA 为底，而高就是从三角形的最高点 B 到 SA 的延长线的垂直距离：

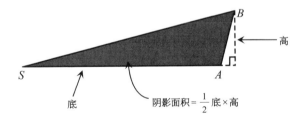

如果我们取 SB 为底也会得到相同的结果，此时高就是从点 A 到 SB 的垂线：

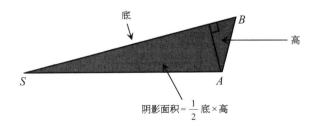

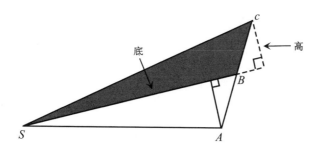

我们现在要比较三角形 SAB 和 SBc 的面积,此时选取 SB 为底,如图所示作三角形的高。考察作这两个三角形的高的图示:

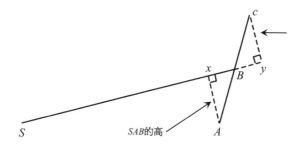

我们将垂线与底的交点标为 x 和 y。三角形 ABx 和 cBy 全等,因为二者有一个相等的边(AB = Bc)和两个分别相等的角。AB 和 Bc 相等(因为如果没有来自太阳的力,则行星将在相等时间内走过相等的距离),而两对相等的角分别是直角 AxB 和 Byc,以及直线 xBy 和 ABc 形成的对顶角。由于这两个三角形全等,它们的高 Ax 和 cy 也相等;而由于三角形 SAB 和 SBc 有共同的底(SB)以及相等的高,它们的面积相等。QED①。

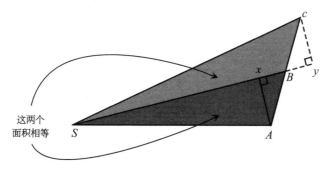

————————

① 在费曼的讲义中(即本书第 4 章),费曼进行证明时选取 AB 和 Bc 作为两个三角形的底,这样一来两个三角形就有着相同的高,即从 S 到 ABc 的延长线的垂线。他的证明与文中采用的证明一样好。

随后（遵照牛顿和费曼的做法），我们证明 SBc（实线三角形）与 SBC（虚线三角形）的面积相等：

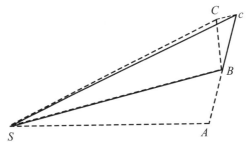

这两个三角形的底都是 SB。SBC 的高是从 C 到 SB 延长线的垂直距离：

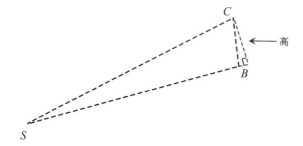

而三角形 SBc 的高是从 c 到 SB 伸得更远的延长线的距离：

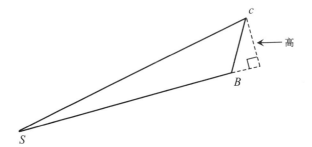

将这两个图形叠在一起，并且记住 Cc 与 SB 严格平行：

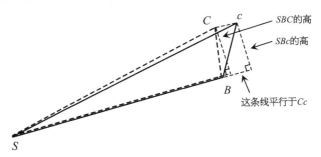

则两个三角形的高就是两条平行直线之间的垂直距离,因此二者相等。因此三角形 SBC 和 SBc 有着相同的底和相等的高,它们的面积相等。再一次,QED。

　　除了几何图形非常美妙以外,最后的证明对于物理学非常重要。如果行星没有受力,它将沿着路径 Bc 运动。然而存在指向 S 的作用力,而这个力将轨迹从 Bc 改变到 BC,但是它不能改变固定的时间间隔内行星扫过的面积。后来(晚于牛顿但远早于费曼),人们发现这个面积与被称为角动量的物理量成正比。如果采用现代物理学的语言来表述,我们证明了行星受到的指向 S 的力不能改变相对 S 测得的行星的角动量。尽管牛顿从来没有使用过"角动量"一词,但是他显然理解这个物理量的重要性,并且知道只有不指向中心 S 的作用力才能改变它。

　　不管怎样,我们证明了 SAB 与 SBc 的面积相等,而 SBc 与 SBC 的面积相等。由此可知 SAB 和 SBC 的面积相等。回头考察最初的图形,显然我们可以对 SCD,SDE 等连续的三角形应用同样的证明。它们就是行星在相等的时间间隔内扫过的三角形。我们就此成功证明了行星运动的开普勒第二定律:行星在相等时间内扫过相等的面积。

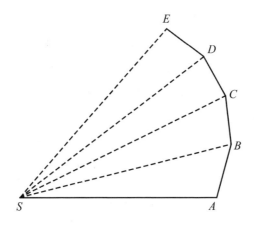

　　现在值得我们回顾一下,看看是怎么走到这里的。为了走到这里,我们必须要了解关于动力学(即关于力和它们产生的运动)的什么内容呢?

　　答案如下:我们使用了牛顿第一定律(惯性定律)、牛顿第二定律(任何运动的改变都沿着力的方向),以及行星受到指向太阳的引力作用的观念。再没有别的了。例如,我们没有用到引力与距离的平方成反比的概念。因此引力的平方反比特性与开普勒第二定律无关。只要力指向太阳,其他形式的力也会产生相同的结果。我们学到的东西是:只要牛顿第一定律和第二定律正确,那么开普勒观测到的"行星在相等时间内扫过相等面积"就意味着行星受到的引力指向太阳。

你们会纳闷,我们到底在哪里用到牛顿第一和第二定律了呢。当我们说如果行星没有受力,它将从 A 运动到 B 再到 c,这时用到了第一定律;来自太阳的力引起的运动改变 BV 指向太阳,这时用到了第二定律。顺便说明,我们也用到了牛顿定律的第一推论;在某个时间间隔上,两种趋势产生的合运动是单独运动的平行四边形的对角线:

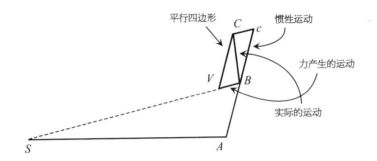

在讲座中提到这一点时,费曼说:"你们刚刚看到的证明就是从牛顿的《原理》一书中原样照搬来的";但是他接着说他不会再遵循牛顿的证明,而是会自行"编造"出剩下的椭圆定律的证明。然而在转向费曼的论证之前,让我们先介绍费曼在讲座之初就解决掉的另一个证明:引力的平方反比定律是打哪儿来的呢?

由开普勒第三定律可以导出引力与距离的平方成反比(从现在起我们就称之为 R^{-2} 定律)的特性,该定律说明行星完整运行一周的时间(即行星的一年)与行星到太阳距离的 3/2 次方成正比。实际上,由于行星的轨道成椭圆,而太阳处于一个焦点上,某个行星与太阳的距离并不总是相同的:

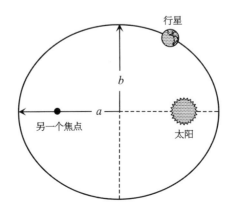

从椭圆中心(不是太阳,它并不处于中心)到椭圆最远点的距离被称为半长轴,用 a
表示;而较短的轴被称为半短轴,用 b 表示。半长轴是椭圆长轴的一半,由此得名。
开普勒第三定律说明:行星运行一周所花的时间与半长轴 a 的 3/2 次方成正比。

　　为了保证大家清楚这个陈述的含义,设想有两个行星围绕太阳运转(或者行
星被两个卫星围绕,后者也服从相同的定律):

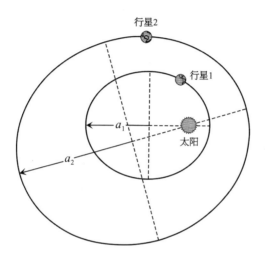

图中用两个箭头表示从两个椭圆的中心到各自最远点的距离,而这两个距离是
半长轴 a_1 和 a_2。现在假定 a_2 是 a_1 的 2 倍,那么开普勒第三定律说明:行星 2
与行星 1 的周期之比是 2 的 3/2 次方;2 的立方为 8,取 8 的平方根得 2.83。行
星 2 的一年是行星 1 的一年的 2.83 倍。

　　如果柏拉图是对的,而行星有着完美的圆形轨道,那么上述定律依然成立,
而行星的所有行为将会简单得多(但也就无趣得多)。圆形可被视为最简单的椭
圆。从一个椭圆开始将两个焦点 F' 和 F 都移动到中心就能构造圆:

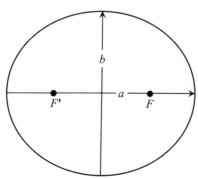

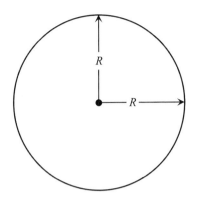

　　这样一来,半长轴 a 和半短轴 b 长度相等,而我们将它们称作半径 R。请注意,由于圆是特殊的椭圆,开普勒定律允许行星轨道为圆形,但并未要求一定如此。实际上,我们太阳系行星的轨道都非常接近圆形,而服从开普勒定律的其他物体(例如哈雷彗星)则拥有远远偏离圆形的轨道。

　　回到我们讨论的问题;我们希望证明开普勒第三定律意味着太阳的引力随着到它的距离的平方衰减。遵循费曼的方法,我们假定行星轨道为圆形从而简化证明。我们用符号 T 表示行星运转完整一周所花的时间。那么开普勒第三定律说明 $T \propto R^{3/2}$(读作“T 随着 $R^{3/2}$ 改变或与 $R^{3/2}$ 成正比”),其中 R 是行星与太阳的距离。要怎样将这个定律和 R^{-2} 定律联系起来呢?

　　和费曼一样,我们在此不能再遵循牛顿的证明,甚至费曼的证明也有点神秘,因此让我们建立自己的方法。这项证明不仅能把开普勒第三定律和牛顿的 R^{-2} 定律联系起来,它还引出了我们的“压轴好戏”(即最后的证明)所需的几何技巧。

　　我们(以及费曼)从牛顿那里照搬的图示表明,行星在太空的连续位置如下:

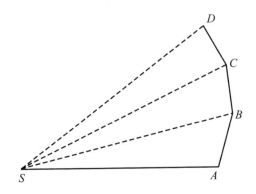

在相等的时间间隔内,行星从 A 运动到 B,从 B 到 C,以此类推。我们还能在图
上绘出行星在每个线段的速度;由于惯性,行星以恒定的速度从 A 运动到 B,以
另一恒定速度从 B 运动到 C,以此类推。我们用指向运动方向的箭头表示速度
(请记住物理学中的"速度"不止有大小,还有方向)[*]:

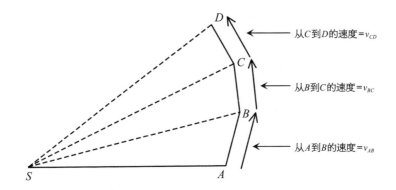

我们没有必要将速度箭头绘制在对应的轨道线段的旁边,而可以把它们一起绘
制在公共的起点上:

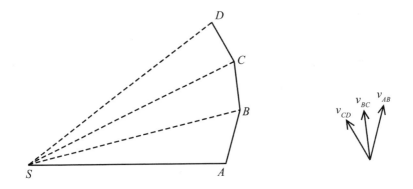

我们得到的新图示是速度图,而不是位置图。箭头方向表示行星运动的方向,因
此 v_{AB} 必然平行于 AB,

---

[*] 本书采用几何方法进行推导证明,在图中用箭头或线段表示的速度已指明了速度方向,
因此图中的速度符号没有采用矢量形式而是用标量形式。对于文中提到的速度,其方向已由
图示中的箭头或线段指明,而在推导时主要考虑它的大小,因此文中速度也用标量来表
示。——译者注

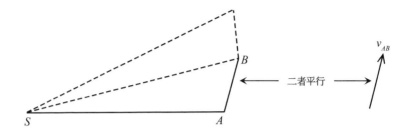

而箭头的长度与速度大小成正比。换句话讲,行星在轨道线段上运动得越快,箭头就越长。如果行星在 BC 线段上比 AB 线段上运动得慢,那么我们将得到下面的图示:

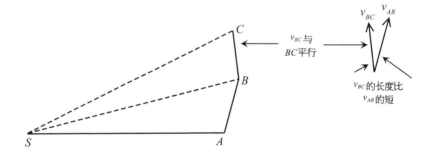

然而,根据牛顿第二定律,在 B 点速度的改变必然指向太阳,因此在该点的冲力(impulsive force)引起速度改变: 如果v_{AB}是改变前的速度,

而v_{BC}是改变后的速度,

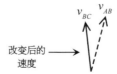

那么速度的改变就是从v_{AB}的端点指向v_{BC}的端点的箭头:

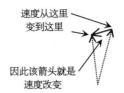

而箭头的方向必然从 B 指向 S：

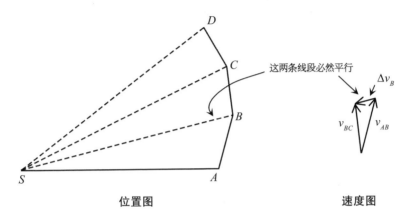

位置图　　　　　　　　　　　　　　速度图

因此,速度在 B 点的改变量 Δv_B 就沿着太阳引力的方向,它还和力的强度成正比。如果在点 B 太阳力增大两倍,则 Δv_B 的大小也会加倍。这就是牛顿第二定律的含义。在牛顿图上每一个(假想)点 $A,B,C,\cdots$ 的速度改变都与这些点之间(相等)的时间间隔有关。为了更接近太空中真实轨道的平滑曲线,牛顿设想(他也的确这么做了)将时间间隔减小一半以提高近似的效果。如果只是时间间隔变为原来的一半而其他的都相同,那么每个速度改变也将变为原来的一半,而整个轨道上的线段数(亦即速度改变的个数)增加到原来的 2 倍：

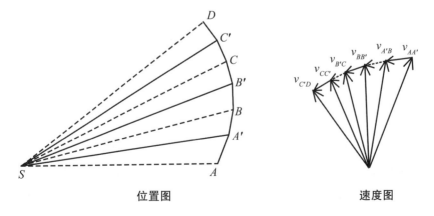

位置图　　　　　　　　　　　　　　速度图

这还是和原图示相同的作用力产生的同样的轨道。力与每一点上的速度改变量（对于该图降低为原来的一半）与时间间隔（也变为原来的一半）的比值成正比：$F \propto \Delta v / \Delta t$，其中 F 表示力的大小，而 Δt 表示时间间隔。该图中的力与原图中的力是相同的。

正如我们看到那样，位置图上的方向与速度图的方向之间彼此对应，但是这两幅图的尺寸没有任何关系。我们可以将整幅速度图放大 2 倍（这不会改变任何方向），而依然得到正确的图示：

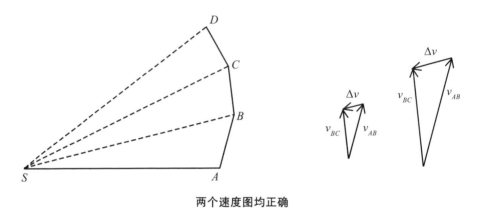

两个速度图均正确

让我们考察最简单的特例。假定轨道就是半径为 R 的圆形，那么牛顿图看起来就是这样：

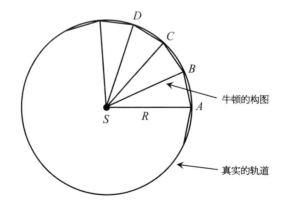

SA,SB,SC 等每段距离都等于圆的半径 R。此外，作用于 A,B,C,D 等点的冲力造成的速度改变也是相同的；因为不管来自太阳的力随距离如何改变，所有这些点和太阳的距离都相等。由此可知沿 AB,BC 等线段的速率必然相等，而

AB,BC 等线段的长度全部相同。行星只能沿着这些相同的路径线段运动形成轨道。换句话讲，牛顿绘制的是等角等边的正多边形，它内接于圆形，而后者才是真正的轨道。

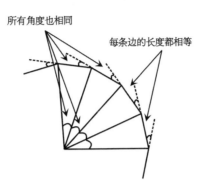

正多边形包括等边三角形、正方形、正五边形、六边形等。正多边形的边越多，它就越接近圆形。牛顿设想如果采用更短的时间间隔作图，则将给出边数更多的正多边形，

而正多边形就更接近真实的圆形；无限地继续下去，就能得到真实的光滑轨道。

在圆形轨道的速度图中，所有速度长度相等，它们分隔的角度也相同，因此所有的速度改变 Δv 的大小也相等：

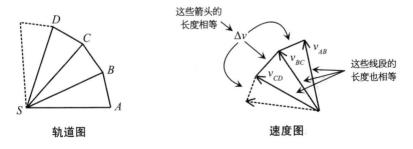

因此速度图也是正多边形，而经过无限的过程后，当轨道变成一个圆时，速度图也变成一个圆：

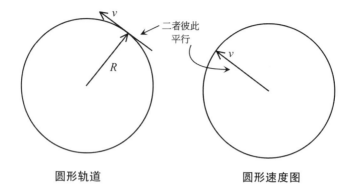

圆形轨道   圆形速度图

速度图中圆的半径是速度的大小 v，而行星围绕其轨道进行匀速圆周运动。行星运动的距离除以所用的时间就能得到 v。行星运行完整一周的距离就是周长 $2\pi R$，而行星运转一周所花的时间就是我们所说的轨道周期 T。因此 v 就等于 $2\pi R/T$。

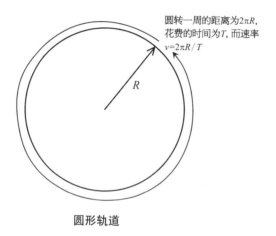

圆转一周的距离为$2\pi R$，
花费的时间为T，而速率
$v=2\pi R/T$

圆形轨道

每当行星运行一个完整的轨道，速度箭头也绕过完整的一圈：

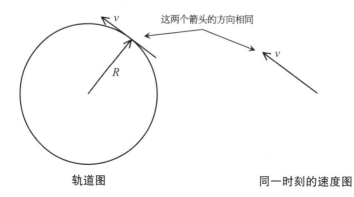

这两个箭头的方向相同

轨道图   同一时刻的速度图

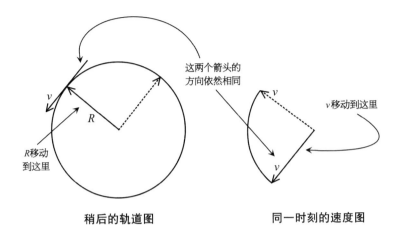

稍后的轨道图   同一时刻的速度图

当速度箭头绕过完整一圈后,箭头尖端移动了距离 $2\pi v$:

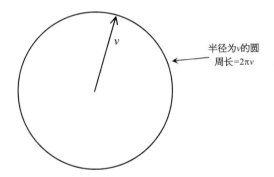

半径为v的圆
周长=$2\pi v$

还记得,速度的改变量由速度箭头尖端的运动确定:

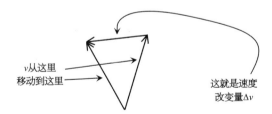

v从这里
移动到这里

这就是速度
改变量Δv

我们现在假定圆周被分成 30 等份,每一份代表在 1/30 轨道周期 T 内的运动。

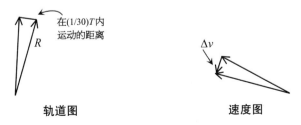

在(1/30)T内
运动的距离

Δv

轨道图   速度图

如我们所见,力与 $\Delta v/\Delta t$ 成正比,其中 Δv 表示速度改变量的大小,它等于速度圆周长的 1/30,而 Δt 是时间间隔,它等于 T 的 1/30。显然,1/30 周长除以 1/30 周期就等于整个周长除以周期 T。因此 $\Delta v/\Delta t$ 就等于周长 $2\pi v$ 除以时间 T:

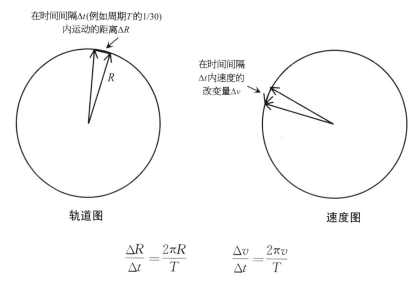

$$\frac{\Delta R}{\Delta t} = \frac{2\pi R}{T} \qquad \frac{\Delta v}{\Delta t} = \frac{2\pi v}{T}$$

因此,力 F 与 $2\pi v/T$ 成正比,而速度 v 就等于 $2\pi R/T$。用符号表示为:

$$F \propto \frac{2\pi}{T} v = \frac{2\pi}{T}\left(\frac{2\pi R}{T}\right)$$

将两部分乘起来得到:

$$F \propto (2\pi)^2 \frac{R}{T^2}$$

这个式子表明:如果行星与太阳的距离加倍(从 R 变到 $2R$)而周期保持不变的话,那么太阳对它的作用力也将加倍,因为力与 R 成正比。然而,行星的行为并不是这样的。我们看到,如果行星位于 $2R$ 处,那么它的周期将是 $2.83T$。根据开普勒第三定律:

$T \propto R^{3/2}$(行星的周期与它到太阳的距离的 3/2 次方成正比)

力 F 与 R/T^2 成正比;T^2 意味着 $R^{3/2}$ 的平方,$(R^{3/2})^2 = R^3$。R 除以 R^3 就得到 1 除以 R^2!力与 $1/R^2$ 成正比!这就是我们寻找的关系式—— R^{-2} 作用力定律。

在继续推进之前，现在是一个好机会，让我们考察一下现在到哪儿了，以及将要去向何方。

开普勒提供了三条定律，牛顿也提供了三条定律。然而，开普勒定律与牛顿定律有着本质上的差别。前者是根据天文观测总结得出的结果，采用的是我们今天所说的曲线拟合。开普勒在空间上取一些点（例如在已知时刻观测到的火星的位置）并说："啊哈！所有这些点都落在椭圆的曲线上！"这样描述似乎把历史上最杰出的天才之一的毕生工作说得过于简单，但这种近似表述大体上是对的。开普勒的三条定律在本质上就是这样。

牛顿定律则截然不同，它们实际上是关于物理实在最核心本质的假设：它描述了物质、力和运动之间的关系。如果由这些假设导出的行为的确在自然中观测到，那么假设有可能是正确的；而我们是否就此窥见了自然的内核或上帝的意志，这样的认识取决于你对隐喻的喜好程度。在行星运动这个至关重要的竞技场中，判定牛顿假设成立与否的标准就是它们能否导出开普勒定律，而后者是基于海量的、极其精准的天文数据而总结出来的。

然而，牛顿定律与开普勒定律之间的联系比这要复杂得多；到目前为止，我们缺失了一环。为了确定行星遵循其定律而运动，牛顿不得不发现某种特殊力（即引力）的特性。在这么做时，他用到了开普勒第二和第三定律。随后，在导出了引力的特性后，牛顿就能证明沿着他的定律所规定的方向作用的引力，能产生开普勒剩下的观测结果，即椭圆定律。牛顿在《原理》一书中就是沿着这样的逻辑顺序进行论证的。现在我们在牛顿的论证中所处的位置，正是利用牛顿定律以及开普勒第二和第三定律导出了引力的特性。在我们上演最后一幕证明开普勒第一定律（即椭圆定律）之前，先回顾是怎么走到现在这一步的。

在对行星运动应用牛顿第一定律（即惯性定律）时发现：如果行星没有受力，那么如果它开始时处于静止，它就会保持静止；而如果开始时它在运动，它就会一直进行匀速直线运动。为什么会这样，实属天地之间的奥秘，尽管牛顿有时会将这一机制归结为行星的"内力"。然而，关于牛顿定律我们不需要问它们为什么成立，而只需要知道它们是否成立。

牛顿第二定律说明：如果的确有力 F 对行星作用，那么其效果就是让行星偏离在它没有受力时进行匀速运动的直线。特别是当力作用一定的时间间隔 Δt 时，它会造成速度改变，即偏离惯性路径的 Δv；Δv 沿着力的方向并且和力成正比。这意味着当力加倍变为 $2F$ 时，它产生的速度改变量也会加倍，即 $2\Delta v$ 。这也意味着将同样的力作用两倍长的时间（$2\Delta t$），也可以获得 $2\Delta v$ 。用符号表示这种关系就是 $\Delta v \propto F\Delta t$ 。这还意味着：如果力指向太阳，那么速度的改变也必然指向太阳。

牛顿第三定律说明：行星不同部分之间的作用力不会对行星整体产生净力，因此在分析行星运动时，我们可以忽略行星是大而复杂的物体的事实，而就把它们看作集中于其中心的数学上的点。

在牛顿研究的图像中，太阳被假定为静止不动，它对行星产生引力，让后者偏离不受力时会走的惯性直线路径，进入它们实际的轨道。

开普勒第二定律描述了这些实际轨道的一个性质，那就是当行星沿轨道运转时，连接太阳和行星的假想直线在相等时间内扫过相等的面积。牛顿证明（我们也证明了）：开普勒观测结果表明行星和太阳之间的连线确定了引力的作用方向。

行星运动的第二个性质是：行星轨道距离太阳越远，行星沿轨道运动的速度就越慢。特别是，行星运行一周所花的时间随着行星轨道与太阳的距离的 $3/2$ 次方增长。牛顿证明（我们也证明了），为了产生这个结果，造成行星发生偏转的力必然与到太阳的距离的平方成反比。换句话讲，如果行星到太阳的距离加倍，那么太阳吸引它的力就会降低到原来的 $1/4$。

我们注意到，开普勒第二定律（等面积定律）考虑的是某个行星在其轨道不同位置处的运动，而他的第三定律则比较了不同行星的轨道。行星的质量对它们在轨道上的运行速度没有任何影响，这一点很奇怪但的确如此。尽管木星质量是地球质量的 300 多倍，地球年（或运行一个完整的地球轨道）相对木星年缩短的比例仅为它们到太阳的距离之比的 $3/2$ 次方。

不管怎样，我们现在知道太阳对行星的引力指向太阳，而引力的强度与距离的平方成反比。我们利用开普勒第二和第三定律就发现了这么多。证明这样的引力会产生行星的椭圆轨道，将是我们最后的，也是最激动人心的成就。

在费曼的讲义中，他在这一点上发现不能再追随牛顿的论证思路，而开始发明自己的方法。他迈出了偏离牛顿的第一步；这就像一个象棋天才走出的一步好棋，完全出人意料但是精彩绝伦。费曼没有像牛顿那样，取相等的时间间隔将轨道分割成许多假想的片段，而是以太阳为中心以相同的张角将轨道分割成片段。我们需要绘图来看看这意味着什么。

回顾费曼在讲义中拷贝的《原理》中的图：

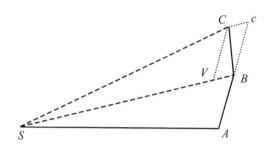

在某个时间间隔，如果行星没有受到来自太阳的力，它就从 A 运动到 B。这个时间间隔可以是 1 秒、1 分钟或 1 个月。在下一个相等的时间间隔，行星将从 B 到 c 继续运动相等的距离。但是来自太阳的力在 B 产生冲量，引发行星运动改变；运动的改变指向太阳，等于 BV。在第二个时间间隔，行星的实际运动是惯性决定的路径 Bc 和太阳引力决定的路径 BV 的和：行星沿着这两个运动构成的平行四边形的对角线运动并抵达 C。我们早些时候已证明：相等时间内扫过的三角形（即 SAB 和 SBC）的面积相等。因此牛顿将轨道近似为一系列等时间间隔的点（A，B，C，$\cdots$），而在每一点上行星都因受到太阳的瞬时拉力而偏离其惯性直线。时间间隔越小，太阳的拉力就越频繁，而行星轨迹就越接近真实的轨道。由于太阳引力连续地拉动行星使其偏离其惯性直线，因此真实轨道是光滑的曲线。最后，我们（以及牛顿和费曼）针对下面的示意图证明了光滑轨道的性质：行星与太阳的连线在相等时间内扫过相等的面积，这意味着当行星在轨道上距离太阳较近时其速度较快。

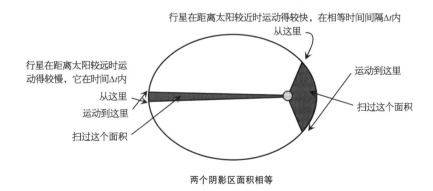

两个阴影区面积相等

费曼直接效法牛顿,采用同样的方法证明了等面积定律。然而,他现在选择采用相等的角度而不是相等的面积来对轨道进行分割:

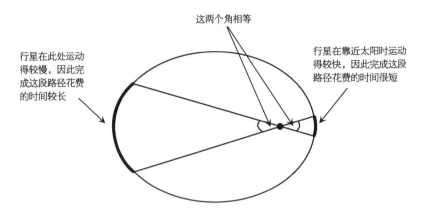

上图显示的两个轨道片段对应相等的中心角,但是它们扫过的面积不同,因此耗时也不同。开普勒定律说明行星在相等时间内扫过相等的面积,这意味着如果将扫过的面积减半,则需要的时间也会减半。用符号表示为:

$$\Delta t \propto （扫过的面积）$$

让我们用牛顿型图示来展示等角轨道片段,即假定行星沿惯性直线运动,而运动时不时地被引力引起的速度改变打断。为了简化,我们直接在轨道图上绘出速度改变 Δv:

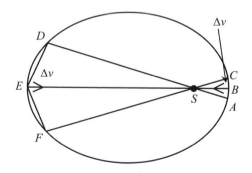

在靠近太阳的轨道一侧,行星从 A 运动到 B,在太阳引力产生的 Δv 的作用下产生偏转,继而又从 B 运动到 C。在轨道的另一侧,行星从 D 运动到 E,受到引力产生的 Δv 的作用,继而从 E 运动到 F。

我们知道行星沿着 BC 的运动比沿 EF 的运动要快。为了考察运动快了多少,我们要比较三角形 *SBC* 和 *SEF* 的面积,因为时间与扫过的面积成正比。这两个三角形对应以 *S* 为中心的相等角度,我们将 *SEF* 旋转并与 *SBC* 交叠:

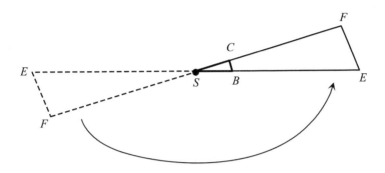

每个三角形的面积都是 1/2 底乘以高,它们还是相似三角形。这意味着,如果较大三角形的底是较小三角形的 2 倍,那么高也是其 2 倍,而面积就是 $2 \times 2 = 4$ 倍。普遍的规则是:面积与到太阳的距离的平方成正比[②]。

---

② 在费曼的讲义中,他用一行文字就带过这一点。然而这并不那么简单,而我们也没有真正证明它。下面给出了更完整的证明。考虑对应相等的中心角的任意两条轨道片段 *WX* 和 *GH*:

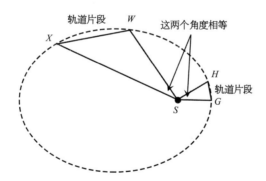

翻转三角形 *SWX* 令它和 *SGH* 交叠:

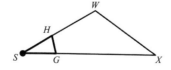

我们总可以绘制平行于 *HG* 的直线 *hg*,让它与 *WX* 相交,并让由此得到的两个小三角形面积相等:

(转下页)

因此,行星走过任何一部分轨道所花的时间与扫过的面积成正比,而后者与和太阳的距离的平方成正比。下面比较了牛顿和费曼将轨道分割为片段的不同方式:

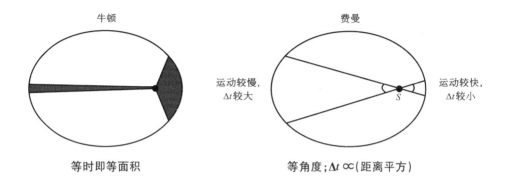

（接上页）

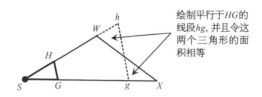

绘制平行于 HG 的
线段 hg, 并且令这
两个三角形的面
积相等

三角形 Sgh 与 SWX 面积相等(前者多出一个小三角形,少了面积相等的另一个小三角形),并且 Sgh 和 SGH 相似。WX 与 hg 相交于点 z,现在连接 S 和 z:

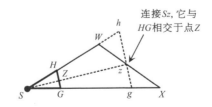

连接 Sz, 它与
HG 相交于点 Z

我们现在称 SZ 或 Sz 为太阳和轨道的距离。根据相似三角形的性质(底和高都随着尺寸等比例增长,而面积就和尺寸的平方成正比),相似三角形 SGH 和 Sgh 的面积分别与 SZ 和 Sz 的平方成正比。但是 SWX 与 Sgh 面积相等,因此 SWX 的面积也与 Sz 的平方成正比。如果我们假设中心角变得越来越小直至为零,直线 SZz 总是处于角的内部,而由于椭圆轨道上的点 W 和 X 越来越靠近,Sz 最终将和 SW 或 SX 相等,这就是我们之前所说的行星与太阳的距离。QED。

在费曼绘制的图中,注明了 $\Delta t \propto R^2$,其中 R 是行星与太阳的距离。但我们还知道,太阳的引力随着距离的增大而减小,它服从平方反比定律,即 $F \propto 1/R^2$ 。让我们回到表示速度改变 Δv 的图示,对于轨道上的每个离散点:

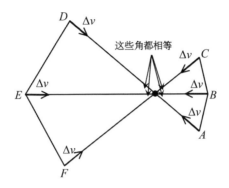

在轨道上的每一点(即图中的 $A,B,C,\cdots D,E,F,\cdots$,以及它们之间的所有点)都有指向太阳的 Δv 。力 F 越大,则 Δv 越大;并且时间间隔 Δt 越长,速度的改变量 Δv 越大:

$$\Delta v \propto F\Delta t$$

但是由于 $F \propto 1/R^2$ 而 $\Delta t \propto R^2$,则有:

$$\Delta v \propto (1/R^2) \times R^2 = 1$$

这意味着 Δv 根本就和 R 无关!在轨道上的任意位置,不管距离太阳是远还是近,给定中心角产生的 Δv 总是相同的。之所以产生这种情况是因为:随着行星距离太阳越远它受到的力越弱(随着距离的平方改变),但是力对行星作用的时间越长(也随着距离的平方改变)。最终结果就是:在整个轨道上所有的 Δv 都是相同的。费曼在讲座中这样说道:“当轨道经过相等的中心角时,速度的改变量相同;从这个核心可以导出所有的内容。”

为了看出这到底意味着什么,让我们暂时回顾牛顿绘制、费曼复制的图示。我们不展示行星的位置,而是展示速度:

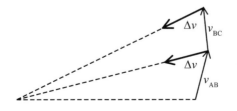

牛顿绘制的图像采用等时间间隔,而 Δv 都指向太阳,只不过有些 Δv 较大而有些 Δv 较小(当行星最接近太阳时 Δv 最大)。在费曼的示意图中,中心角都相同,因此时间间隔不同。Δv 都指向太阳(根据牛顿第二定律,它们必然如此),而在轨道上的任意点它们的大小都精确相等。下面就来推导由此产生的结果。

在这个关键点上,费曼在笔记上非常仔细地绘制了等角度线段的轨道图和对应的速度图,如下所示:

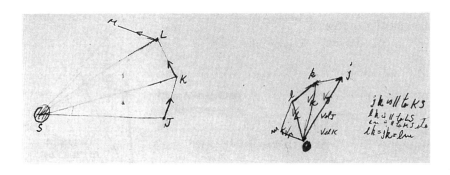

轨道从 J 开始,以太阳为中心绕过一定角度抵达 K,其运动方向改变了 Δv,然后继续转过相等的角度从 K 到 L,然后再从 L 到 M:

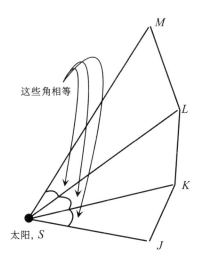

和牛顿的图示不同,这些线段对应的时间倒不一定相等。速度沿着 JK,KL 等方向;一般来说,对于不同的线段,速度的大小也不同。在点 J,K,L 和 M 处行星经历的速度改变都指向太阳,而改变量的大小都相等。换句话讲,在 J

点 Δv 沿着 JS 方向,在 K 点同样大小的 Δv 沿着 KS 方向;以此类推。根据这些事实,费曼构造出速度图:

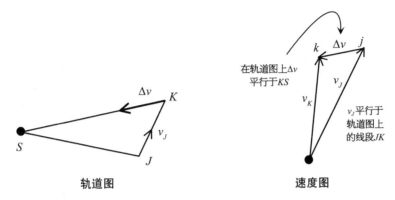

在轨道图上,行星以速度 v_J 从 J 运动到 K。在速度图上,v_J 的方向与 JK 相同,但是长度与后者不同。在点 K,Δv 沿着 KS 的方向,它在速度图上从点 j 指向点 k,使速度变为 v_K。在下一步中重复这个过程;在轨道图上从 K 到 L 绘制第二条线段,平行于 v_K,让 KSL 对应相同的中心角 JSK:

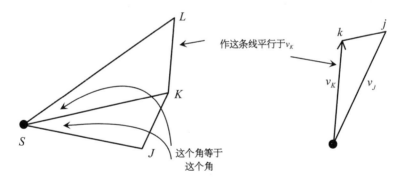

我们在速度图上平行于 LS 绘制与 jk 长度相等的 Δv,从而确定点 l:

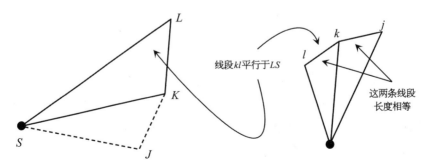

沿着轨道重复同样的过程。下一步就得出了费曼在他的笔记上绘制的草图：

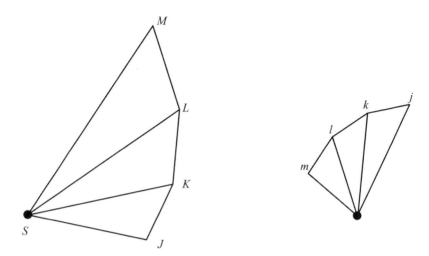

正如费曼在笔记中注明：jk 平行于 KS，kl 平行于 LS，而 lm 平行于 MS，并且 $jk = kl = lm$。

速度图的每条边（jk，kl，lm，⋯）都平行于轨道图中太阳发出的一条线。由于太阳发出的线间隔相等的角度，因此速度图中的各边都具有相等的外角：

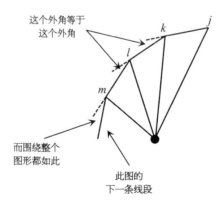

当我们完成了速度图以后，就得到了等边、等（外）角的图形：

请注意，速度本身由原点到 j，k，l 等点的线段表示，它们的大小并不相等，而是图形的各条边（即 Δv）相等。这是个正多边形！速度的原点并非中心，但是构成的外部图形却是正多边形。

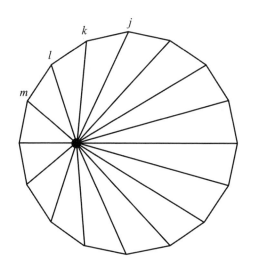

如果我们继续将轨道图分成大量等角但更短的线段,那么轨道就更接近平滑曲线,而速度图也是如此。因为速度图是正多边形,它趋近的平滑曲线就是圆!但是速度的原点不一定位于圆心。

在这个环节,费曼在讲义的笔记上把轨道和速度图画成平滑的曲线。首先是轨道,从点 J 开始,费曼采用传统的方式让太阳和 J 的连线保持水平;与线段轨道图不同,点 J 处的速度沿竖直方向,垂直于太阳到该点的连线:

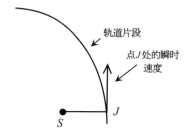

过了一些时候,行星抵达点 P,与水平方向成角度 θ:

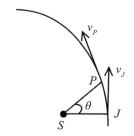

在轨道上每一点上,瞬时速度都与光滑的曲线相切。

现在我们构造对应的速度图。这是个圆,其速度原点偏离圆心。我们要根据行星在轨道上点 J 的速率,确定表示 v_J 的线段的长度。还记得在速度图上,较长的线段表示较大的速率。费曼轨道图中的点 J 也是距离太阳最近的点(费曼在讲座中没有说明,但他就是这样想的),此时行星的轨道速率最大。因此 v_J 在速度图上对应最长的线段,它必须穿过圆心:

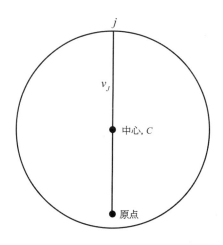

就这样绘制竖直方向的 v_J(它平行于轨道图中的 v_J),它是从原点到圆上任意点的连线中最长的一个。速度图中点 p 的速度对应轨道图中的点 P,它是从原点开始平行于 v_P 的线段:

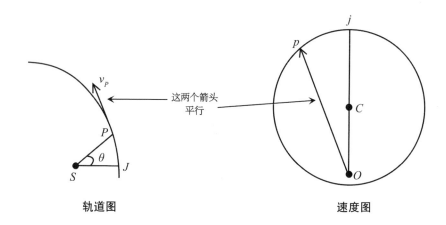

轨道图   速度图

速度图上的角 jCp 与轨道图上的角 JSP 相等,也等于 θ:

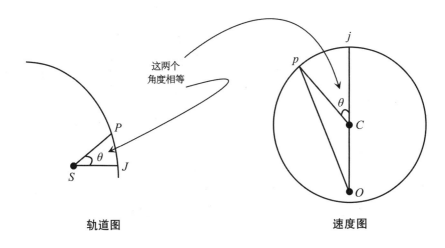

轨道图　　　　　　　　　　　　**速度图**

为了看出这一点,让我们回到轨道线段的完整速度图(即正多边形),并从圆心(不是速度箭头的原点)出发绘制线段:

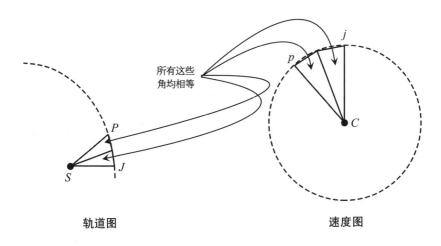

轨道图　　　　　　　　　　　　**速度图**

轨道被分割成许多等角度的线段,而这些角度之和必然是 $360°$。速度正多边形必然也有相同数目的边,而每个边对应的角度与轨道片段对应的角度相等。因此轨道任意点到 S 的连线与 SJ 的夹角,就等于速度图上对应点 p 到 C 的连线与 Cj 的夹角。

最终结果就是费曼绘制了这样一对图示:

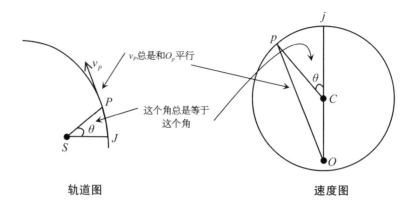

轨道图　　　　　　　　　　　　速度图

现在已经建立了轨道图和速度图之间的所有对应关系,我们可以从速度图开始构造行星的轨道。这是比较容易的出发点,因为我们知道速度图就是个圆:

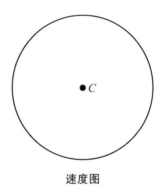

速度图

任何服从牛顿定律以及引力定律的轨道都具有这样的速度图。轨道的精确形状取决于我们对速度原点的选取。在圆内选一个点,非圆心 C 的任意一点(我们晚些时候将看到如果选取点 C,或者在圆上,甚至在圆外选取一点会产生什么结果):

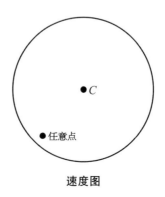

速度图

为了对应我们熟悉的情况,将整幅图旋转直到选取的点位于 C 的正下方:

令选取的点作为速度原点:也就是说,该点与圆周上任意点的连线长度与行星在轨道上该点的速率成正比,而连线方向与行星在轨道上该点的运动方向相同。我们已经看到,从原点通过圆心到圆周上的线段最长,它表示行星在轨道上运动得最快的点。

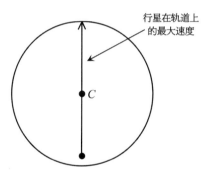

根据等面积定律,轨道上的这一点距离太阳最近。我们也像费曼那样绘制轨道图,让起点与太阳的连线水平,而速度沿竖直方向(这就是我们把速度图的原点旋转到圆心下方的原因):

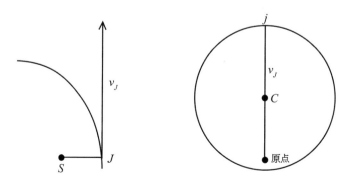

现在连接原点和圆上的任意点 p：

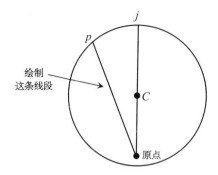

该点对应轨道上的点 P，后者具有如下性质：在速度图上原点与点 p 的连线和轨道图上点 P 的切线平行，而角 jCp 就等于角 JSP：

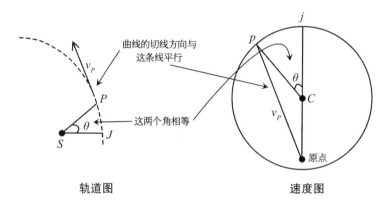

轨道图　　　　　　　　　　　　速度图

因此对于每个 θ 角，我们都知道要构造的轨道的切线方向。但是要怎么构造这条曲线呢？

在讲座的后面部分，费曼告诉我们这是发现中最难的步骤。技巧就是将速度图顺时针旋转 $90°$，使其方向与轨道图一致：

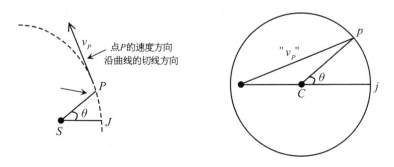

现在两个图的中心角 θ 相同,但是由于我们将整个速度图转动了 90°,原来与轨道上点 P 的速度平行的线段 v_P 现在与点 P 的速度垂直,我们将转过 90° 的线段记为"v_P"。我们现在从速度图可以看出从太阳到轨道上点 P 的方向,并且知道轨道上该点的切线方向,它垂直于记为"v_P"的线段。但我们还不知道轨道上这一点的精确位置。

要做出具有全部所需性质的曲线,最简单的方法就是在速度图上绘制。那么轨道的尺寸就是任意的,但是所有的方向,以及轨道的形状都是正确的。为了得到轨道,只要做从原点到 p 的垂直平分线:

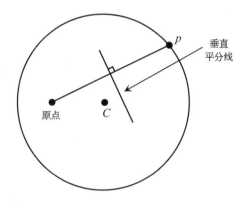

因为垂直平分线垂直于从原点到 p 的直线,我们知道它平行于 v_P,即轨道上 P 点的速度。垂直平分线与 p 和圆心 C 的连线相交于一点:

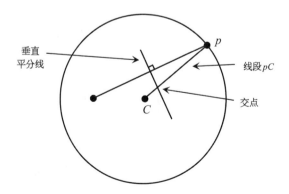

随着点 p 在圆周上运动,pC 和垂直平分线的交点也围绕着自己的曲线运动:

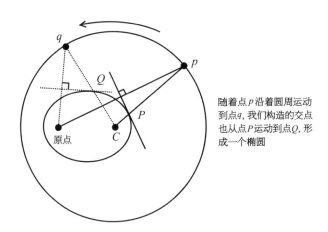

随着点 p 沿着圆周运动到点 q，我们构造的交点也从点 P 运动到点 Q，形成一个椭圆

我们之前曾经做过一模一样的图。从平面上 F' 和 F 两点(分别对应原点和圆心 C)出发，我们绘制从 F' 到点 G'(即新图示中的 p)的连线：

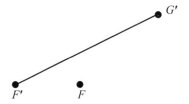

然后连接 FG'，并绘制 $F'G'$ 的垂直平分线，后者与 FG' 相交于点 P：

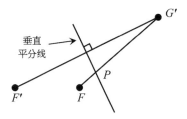

我们当时证明，随着 G' 以 F 为圆心画出一个圆，点 P 的轨迹形成一个椭圆，而在每一个点 P，$F'G'$ 的垂直平分线都与椭圆相切。

我们现在又作了和之前完全相同的图，只不过改了图上的名称。新图示是这样的：

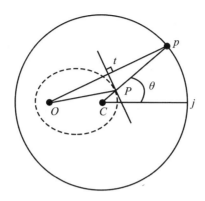

其中 p 是以 C 为圆心的圆上一点。图上还有一个离心点：速度图的原点，我们现在称之为 O。线段 Op 在点 t 有垂直平分线，后者与 Cp 相交于点 P。我们将再次证明：当 p 沿着圆周运动时，这样构造出来的每一个点 P 都位于一个椭圆上，而 tP 与椭圆在点 P 相切。由于 tP 平行于行星位于轨道上点 P 时的速度，我们已经构造出了独一无二的曲线：该曲线指明了行星在轨道上每一点的正确方向。

为了证明该曲线为椭圆，我们注意到三角形 OtP 和 ptP 全等：

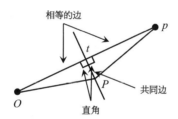

因此 $OP = pP$。而考察全图：

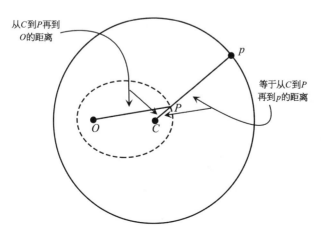

发现圆的半径 CPp 就等于 $CP + PO$,即以 C 和 O 为焦点构造椭圆的细绳的长度。因此虚线曲线(轨道)是椭圆。QED。为了证明 tP 是过点 P 的切线,我们回到全等三角形:

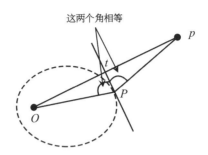

现在令 Pp 和 tP 彼此相交,则对顶角相等:

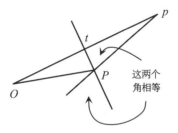

因此有:

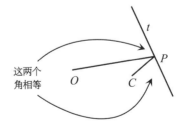

因此直线 tP 在点 P 处将来自 C 的光线反射到点 O。我们早就已经证明,具有这种性质的直线 tP 就是切线。最后一次,QED。

现在证明全部完成了。费曼还有其他的要讲,但我们已经完成了计划展示的全部内容:证明牛顿定律以及来自太阳的 R^{-2} 引力会产生行星的椭圆轨道。在离开这个主题之前,让我们再次回顾证明的逻辑;借助牛顿和费曼的帮助,这个逻辑让我们完成了上述"丰功伟绩"。

　　牛顿说的大致是这个意思：根据行星在相等时间内扫过相等面积的事实，我用自己的定律导出了太阳对行星的引力指向太阳；然后，根据行星轨道周期与它们到太阳的距离的 3/2 次方成正比的事实，我用自己的定律导出了引力随着 R^{-2} 衰减；最后，用我的定律再结合上述关于引力的两个事实，得出了椭圆轨道。

　　牛顿实际上并不是沿着这个思路考虑问题的。我们从他工作的较早版本（例如他在 1684 年寄给哈雷的简短论文）中得知，他对动力学原理的各种形式进行了实验性的尝试。只有在晚些时候，他才浓缩出三条原理，并开始称之为"定律"。将动力学凝结成三条基本定律的行为极其重要，因为在此后的 300 年中，牛顿和他的追随者们证实：这些定律不仅能解释行星的运动，还能解释物理世界中几乎每一种现象。牛顿定律告诉我们：物质在受到作用力时的行为如何。关于物理世界，只有两个问题不能从牛顿定律中找答案，那就是：物质的本质是什么？ 物质各部分之间的作用力的本质是什么？ 这两个问题依然是物理学最关心的问题。

　　我们对世界的重新理解和认识从椭圆轨道的证明开始。对于这个问题，我们不需要了解物质的本质，因为所有物质的引力效应都是相同的。然而，引力的本质非常重要，而牛顿应用两条开普勒定律才导出引力的性质。

　　最后，我们看到的椭圆轨道的证明不是来自牛顿，而是来自理查德·费曼。费曼将轨道分成等角度的片段，而在每个片段上速度的改变都指向太阳，并且与力的强度以及力的作用时间成正比。这就是牛顿第二定律。时间与行星扫过的面积成正比，（根据纯几何证明）后者与距离的平方成正比，而力与距离的平方成反比（这是引力的特性）；因此不管轨道的形状如何，不管行星距离太阳是远还是近，行星总是在相等的角度下发生同样大小的速度改变。由此立刻能得出：速度图为正多边形（等角等边），而对于光滑轨道，速度图变为圆形。然而，速度图的原点并非圆的中心。

　　随后，借助事先已经精心设计好的几何图的帮助下，证明轨道的形状为椭圆，而速度图的原点和速度圆的中心就是椭圆的两个焦点。

　　速度图是强有力的几何工具。牛顿的动力学定律，结合 R^{-2} 引力，总是能产生圆形速度图：

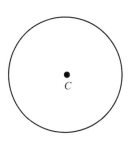

R^{-2}定律产生的速度图

轨道的形状依赖 O 的位置,即速度图的原点位置。如果 O 与速度图的圆心 C 重合,那么椭圆的两个焦点重合,而行星在轨道上具有恒定的速率:

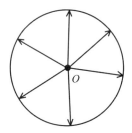

在此情况下,行星轨道就是圆。

如果 O 在圆周和 C 之间,那么轨道就是椭圆。O 与 C 距离越近,椭圆就越接近圆形。O 与 C 距离越远,椭圆就会拉得越长:

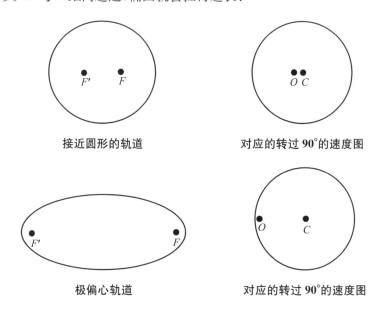

接近圆形的轨道　　　　　　　　对应的转过 90°的速度图

极偏心轨道　　　　　　　　对应的转过 90°的速度图

在我们的太阳系中,所有的行星轨道都接近圆形。对于地球轨道,两个焦点之间的距离约为轨道直径的 1%;对于火星,这个比值约为 9%;对于水星和冥王星(它们的轨道偏心率最大),比值略高于 20%。相反,哈雷彗星的轨道是极偏心的椭圆,两个焦点的距离是轨道直径的 97%。

如果 O 位于圆的外部会怎样呢？让我们回到还没有被旋转的速度图。我们仍然在轨道上最靠近太阳的点得到最大的速度:

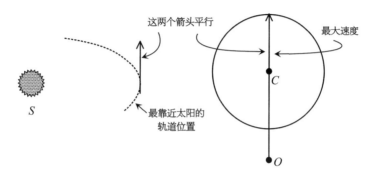

随着角度 θ 增大,速度沿着图中的圆周发生改变:

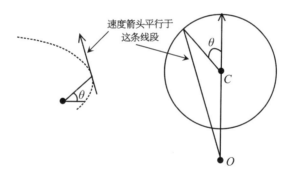

当达到某个角度 θ 时,从 O 发出的直线与速度圆相切:

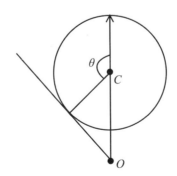

还记得,这条线也与轨道的瞬时速度平行,而速度图的切线沿着轨道图的 Δv 的方向,Δv 表示速度的改变。换句话讲,在角度 θ 处,速度改变 Δv 与速度的方向相同。这意味着速度不再改变方向。路径不再是曲线,而变成了直线。由于椭圆上永远不会出现直线路径,因此"轨道"不再是椭圆。此时"轨道"是另一种圆锥曲线——双曲线,远离焦点时曲线逐渐变成直线:

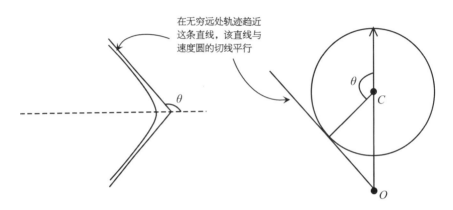

在这个轨迹上,"行星"从无穷远处落向太阳,在太阳附近绕一圈后逃逸,消失在无穷远处。它的路径根本就不是椭圆。当它从无穷远处出发以及返回无穷远处时,它的速度都不是零;行星在无穷远处的速度与从 O 到速度圆的切点的线段的长度成正比。

如果点 O 位于圆上,那么"行星"也会向无穷远处逃逸,只不过当它抵达无穷远处时速度变为零;这个轨道是抛物线。就这样,牛顿力学和平方反比引力得到圆形速度图。根据速度图原点的位置,轨道可以是圆形、椭圆、抛物线或者双曲线;这些曲线统称为圆锥曲线。

在讲座的最后部分(费曼说是因为剩了点时间),费曼转而利用他开发的方法研究起另一类问题;这类问题与行星运动非常不同,但一样有着重大的历史意义。

1910 年,两位研究人员,欧内斯特·马斯登(Ernest Marsden)和汉斯·盖革(Hans Geiger)在他们的领导卢瑟福的建议下,用一束 α 粒子(即氦原子核)轰击薄的金箔,他们发现少数粒子不会穿透金箔而被散射回来。我们可以对这个实验进行粗糙的类比:外星人向太阳系发射彗星,希望确定太阳系的物质是弥散形成均匀的一团呢,还是主要集中在一个位于中心的致密物体(太阳)。只有致密的物体才有可能让彗星转向,把它抛回去。卢瑟福的研究组没有彗星,而是有 α 粒子;他们也没有太阳系,而是有金原子。问题是:原子内部的物质是弥散开来大致均匀分布(当时的理论是这样认为的),还是集中于原子的中心。一些 α 粒子被散射回来的事实证明:质量必然集中于原子的中心,而这个实验促使人们发现了原子核。

在这里,抛射体与系统构成体之间的作用力不是引力而是电力。电力是电荷之间的一种作用力;电荷包括正电荷和负电荷,这些称谓是由 18 世纪自学成才的牛顿学派科学家本杰明·富兰克林(Benjamin Franklin)确立的。和引力一样,电力也是 R^{-2} 力,沿着电荷之间的连线作用;与引力不同的是,它可以是吸引力(异性电荷)也可以是排斥力(同性电荷)。引力总是吸引,从不排斥。电力比引力强得多;实际上电力过于强大,以至于它引起了自我中和(self-neutralizing)效应。金箔中每个原子的正电荷与负电荷的数量都精确相等,因此从外部看来原子成电中性,而如果原子没有受到干扰就不会产生电力。问题是:当带电粒子被射入原子内部会发生什么呢? 答案是它会被原子核排斥,因为后者带有原子的所有正电荷和几乎全部的原子质量。如果纯粹出于偶然,一个 α 粒子与原子核迎面相撞,那么它就会被径直踢回来。这就是马斯登和盖格观测到的结果。

因为电力是沿着电荷连线方向的 R^{-2} 力,那么如果粒子服从牛顿动力学,那么费曼之前用到的所有几何证明都适用于当前的问题。这个问题就是找到入射粒子被踢回来的概率,以便将实验和定量的理论进行比较。研究的起点是圆形速度图(它适用于任何沿着粒子连线作用的 R^{-2} 力),而速度的原点位于圆外。α 粒子的"轨道"不再是永远被限制在原子核附近的椭圆,而是将粒子轨迹弯折一定的角度后把粒子送往无穷远处的双曲线。我们现在不会介绍所有的推导步骤,因为费曼不再认为自己必须坚持使用几何证明。相反,为了给出他所说的"著名的公式",费曼使用了解析步骤。

这个公式担得起它的名望,因为它直接引出了量子力学,并就此推翻了用于导出该公式的牛顿动力学! 但这是另一本书的故事。现在是时候把我们直接交到大师手中了,有请费曼。

第 4 章 《行星围绕太阳的运动》

(1964 年,3 月 13 日)

本次讲座的题目为《行星围绕太阳的运动》(The Motion of Planets Around the Sun)……刚刚宣布了一些坏消息,而出于同样的原因,我有一些好消息要告诉你们。由于周二要进行考试,没人想给你们做一个讲座,让你们花时间去学习掌握,因此我做这次讲座就是为了找乐,好让你们开心[鼓掌]*。好了,好了,我不一定能让你们满意,等到讲座结束,再决定要不要鼓掌。

当牛顿突然根据很少的认识一下子领悟良多时,我们物理学的历史就达到了它最激动人心的一个时刻。这个发现的历史当然说来话长,它关乎哥白尼的学说、第谷对行星位置的观测,以及开普勒发现了定律从而对这些行星的运动进行的经验描述。随后是牛顿,他发现根据另一条定律可以理解行星的运动。你们在关于引力的讲座中已经了解了这些内容,我就接着那里继续讲,快速地总结一下。

首先,开普勒发现行星沿椭圆轨道围绕太阳运转,而太阳位于椭圆的一个焦点。他还发现——关于[行星轨道]他共有 3 个发现——太阳与轨道的连线扫过的面积与时间成正比。最后,他发现不同轨道上行星的周期,或行星完整绕行一圈所花的时间,与椭圆长轴的 3/2 次方成正比。如果轨道为圆形[这就容易些],那么就意味着:行星绕一圈所花时间的平方与半径的立方成正比。

现在,牛顿根据这些定律发现了两件事。首先,他根据自己对惯性——如果没有受到干扰,物体将继续沿直线匀速运动——的认识,注意到等面积等时定律意味着,偏离匀速的运动总是指向太阳,而等面积等时定律等价于力指向太阳的

---

* 本章正文中方括号里的内容"[……]"为作者对演讲的注释或补充说明。——译者注

说法。因此，他根据开普勒的一条定律得出力指向太阳的结论。而随后很容易证明——特别是对第三定律中圆形轨道的特例——对这些圆形轨道来说，如果力指向太阳，那么力就和距离的平方成反比。

推理过程大致是这样的。假定我们取一段轨道，它对应固定的中心角，很小的角度$\{\theta\}^*$，粒子在这段轨道上具有恒定的速度，而在下一段又变为其他的速度。那么，对应固定角度的速度改变显然和速度成正比$\{\Delta v \propto v\}$。在固定的时间内速度的改变就是力$\{F \propto \Delta v/\Delta t\}$，它显然正比于轨道速度乘以通过这段轨道所花的时间。更正一下，我说的是除以时间$\{F \propto v/\Delta t\}$，因为速度改变和速度成正比。由于轨道片段对应固定的角度，例如 1% 轨道$\{\theta = 360°/100\}$，速度改变所花的时间与运行完整一周所花的时间成正比$\{\Delta t = T/100 \propto T\}$。因此向心加速度，或者说指向中心的每秒速度的改变，正比于轨道速度除以行星运行一周所花的时间①$\{\Delta v/\Delta t \propto v/T\}$。

由于运行完整一周所花的时间与速度满足一定的关系$\{T = 2\pi R/v\}$，因此你们可以采用很多种不同的表述。例如速率乘以时间就是运动的距离，或者说速率乘以周期与半径成正比$\{vT \propto R\}$，等等。因此你们可以替换时间$\{T\}$，得到著名的 v^2/R 关系$\{\Delta v/\Delta t \propto v^2/R\}$；而我将用$R/T$代替速度，这样更好。速度显然正比于半径除以绕一圈的时间，因此离心加速度就与半径成正比，而与绕一圈的时间的平方成反比$\{\Delta v/\Delta t \propto R/T^2\}$。但是开普勒告诉我们，绕行一周的时间的平方与半径的立方成正比$\{T^2 \propto R^3\}$。也就是说，分母与半径的立方成正比，那么指向圆心的加速度就与距离的平方成反比$\{\Delta v/\Delta t \propto 1/R^2\}$。牛顿由此导出——实际上在牛顿之前，罗伯特·胡克就用同样的方式导出过这个结果——力与距离的平方成反比。因此根据两条开普勒定律，我们得出了两个结论。没有人这样证实过任何东西：因为引入的假设数量就等于要检验的事实数量$\{$都是两个$\}$；这实在是了无趣味。

然而牛顿得出了最激动人心的发现：开普勒第三条定律［费曼指的是开普勒第一定律，即椭圆定律］是另外两条定律的结论。假定力指向太阳，并假定力

---

 * 为方便读者阅读，本章正文中花括号里的内容"$\{\cdots\cdots\}$"为译者对演讲的简短注释或补充说明，其他补充仍见页脚译者注。——译者注

 ① 费曼说的就是 $\Delta v/\Delta t$ 与 v/T 成正比，参见第 3 章。他在上文中把 $\Delta v/\Delta t$ 称作"向心加速度"，而在下文中又称之为"离心加速度"。

与距离的平方成反比，通过巧妙的方法能确定轨道的形状，并发现它是个椭圆。由于有了这项贡献，牛顿觉得自己推动了科学前进，因为他根据两项事实理解了三件事情。

你们都很清楚，牛顿最终理解的事情远比这三件要多得多。他知道由于行星会彼此干扰，轨道实际上并非椭圆；他还理解了木星的卫星以及围绕地球的月亮的运动，等等。但是让我们先关注一点，不去理会行星之间的相互作用。

我将牛顿对行星的看法总结如下：相等时间内速度的改变指向太阳，而速度改变的大小与距离的平方成反比。我们现在要证明的问题，即本次讲座的主题就是：证明轨道因此是椭圆。

这个问题不难：只需要掌握微积分，写出微分方程然后求解，证明得到的是椭圆即可。我相信在这儿的课堂上或至少在相关的书中，介绍了用数值方法算出的轨道，它看起来的确像个椭圆。但这和证明轨道是精确的椭圆完全是两回事。证明得到的轨道是椭圆的工作通常交给数学系来完成，好让他们用微分方程找点儿事做。[笑声]

我要介绍的"轨道为椭圆"的证明方法非常独特，对你们来说是完全陌生的，与你们熟悉的证明方式不同。我把它称为基本（elementary）证明。但是"基本"并不意味着容易理解；"基本"意味着理解它只需要非常少的预备知识，除此之外你们要无限地运用自己的才智。为了能理解一个基本的证明，不一定要有许多知识，但是一定要运用才智。证明包含许多步骤，你们可能会跟不上，但是每一步都不需要掌握微积分、傅里叶变换等知识。因此我想用"基本证明"表达的是：尽可能用最少量的知识进行的证明。

当然，可以先教你们微积分然后再进行证明；这样的证明也属于所谓的基本证明。然而，这会花费比我的讲座更长的时间。其次，我们的证明完全采用几何方法，这是让它十分有趣的另一个原因。也许你们中的一些人在高中时就喜欢几何，尝试或创造性地作出正确的作图线会让你们欣喜不已。许多人都会被几何证明的优雅和美妙打动。另一方面，在笛卡儿之后，所有的几何学都可以归结为代数，而今天所有力学之类的东西都归结为一张纸上的符号分析，而不用几何方法来表述。

另一方面，在科学之初即牛顿的时代，欧几里得创建的几何分析方法是常用的分析手段。事实上，牛顿的《原理》采用的基本上全是几何分析方法——通过几何作图完成所有的微积分运算。现在,我们在黑板上写下解析符号来完成运算。但是为了让你们开心并激发你们的兴趣,我希望你们坐上马车去感受它的优雅,而不是乘坐一部豪华的汽车飞驰。因此,我们将采用纯粹的几何证明来导出这个事实;好吧,我是说基本上采用几何证明,因为我不知道"纯粹"的含义,对于像"纯粹的几何证明"这种精确的称谓我总是不明就里;我们将基本上采用几何证明,看我们能做得多好。

因此我们的问题是证明下述说法是否成立:如果速度改变指向太阳,而且在相等的时间内速度的改变与距离的平方成反比,那么轨道就是一个椭圆。那么我们首先要理解——总要从什么地方开始——或者说我们先要知道椭圆是什么。如果给不出椭圆的定义,我们就不可能证明上述理论。此外,如果你们不理解这个命题的意义,当然也就不能证明这个原理。因此许多人会说:"哦,是的,你们还是要先了解椭圆。"我知道,你们不能换别的方式来表述;而且你们还必须先理解所有的概念。这也的确如此。但是除此之外,我想我们不再需要更多的额外知识,只需要足够的专注和认真的思考。这不大容易做到,你们要吃些辛苦,但这很值得。采用微积分来证明会容易得多,但你们总能学到用微积分方法的证明,而你们必须记住这就是为了要看看到底是怎么一回事。

定义椭圆有几种方法,我选择其中的一种,并假定你们对此都很熟悉。取两个大头钉和一段细绳,用铅笔把细绳拉直,铅笔绕一周就能做出椭圆,或者说这样做出的曲线就是椭圆。我们可以采用数学语言:椭圆是使距离 FP 与距离 $F'P$ [其中 F 和 F' 是两个固定点]的和保持恒定的轨迹(locus,如今被称为"所有点的集合");好吧,我们就说是所有点的集合。你们可能听说过椭圆的另一个定义:可以将这两个点称为焦点,而焦点意味着从 F 发射的光被椭圆上的任意点反射后抵达 F'。

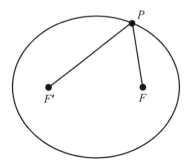
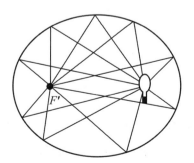

让我们证明这两个命题等价。因此下一步就是证明 F 发出的光线会被反射到 F'。光被椭圆反射，就好像反射表面是和椭圆曲线相切的平面。你们当然都知道，光的平面反射定律说明入射角等于反射角。因此我要证明的是：如果过点 P 作一条直线，让它和 FP 的夹角与它和 $F'P$ 的夹角相等，那么这条线和椭圆相切。

证明：绘制上述直线。关于这条直线作 F' 的像点；也就是说，从 F' 作该直线的垂线，在另一侧延长相等的距离，得到点 G'，即 F' 的像点。现在连接点 P 和点 G'。请注意，角 $F'tP$ 是直角，而由于这两个直角三角形完全相同，因此这个角等于这个角 $\{G'Pt = F'Pt\}$。G' 是像，因此这条边和这条边相同 $\{F't = G't\}$；这两个角相等 $\{$角 $G'Pt$ 与 FP 和这条直线形成的夹角为对顶角$\}$，因此 FG' 是直线。因此 PG' 就等于 $F'P$；而由于 FG' 是直线段，它实际上是 $FP + G'P$，而 $F'P = G'P$，因此 FG' 就等于 $FP + F'P$。现在关键点是：如果取切线上的任意其他点，例如 Q，连接 $F'Q$ 和 $G'Q$，我们发现这两个距离仍相等。因此从 F' 到 Q 再到 F 的距离，仍等于从 F 到 Q 再到 G' 的距离。换句话讲，从两个焦点到这条直线上任意点的距离之和，就等于从 F 到直线上该点再到 G' 的距离。显然，这个距离总是大于沿直线从 F 到 G' 的距离。换句话讲，对于点 P 以外的任意点 Q，两个焦点与点 Q 的距离之和总是大于它们与椭圆上的点的距离之和。那么对于这条直线上的任意点，到两个焦点的距离之和大于椭圆上的点到焦点的距离之和。

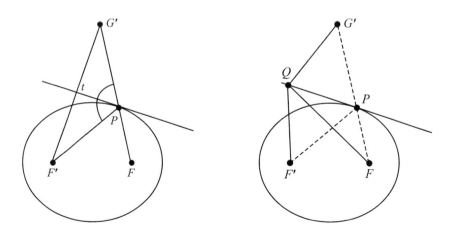

我现在把下述内容当作是显然正确的——可能你们会设计个证明出来让自己满意——那就是：如果椭圆是到两点的距离之和保持恒定的曲线，那么椭圆

外的点到这两点的距离之和较大,而内部的点到这两点的距离之和较小。因此,如果直线上这些点的距离之和比椭圆上的点要大,那么除了唯一的点 P 外,这条直线上的其他点都位于椭圆的外部,则该直线必然是切线,也就是说它没有和椭圆相交于两点从而进入椭圆内部。好了,这条线就是切线,并且我们知道反射定律是成立的。

我还要描述椭圆的另一个性质;你们可能不明所以,但在稍后的证明中我会用到这一点。

我要说尽管牛顿采用的是几何方法,但在他的那个时代每个人都熟练掌握圆锥曲线的知识,因此他不断使用对我来说完全陌生的圆锥曲线的性质,而我当然要在推导过程中证明这些性质。然而,为了让你们再看看这个图,我把它重新画一遍。这是点 F' 和 F,这里是切线,而这里是 F' 的像点 G'。请你们设想一下:当点 P 绕着椭圆运动时,F' 的像点 G' 将怎样运动。正如我们已经指出:PG' 与 $F'P$ 相等,而 $FP + F'P$ 保持恒定,这就意味着 $FP + PG'$ 保持恒定。换句话讲,FG' 保持恒定。简言之,像点 G' 围绕点 F 以恒定的半径形成一个圆。与此同时,我连接 F' 和 G',发现连线与切线垂直。这和先前的陈述完全相同。我只是想总结一下,提醒你们椭圆的性质,那就是:当点 G' 围绕 F 形成一个圆时,连接偏心点〔即 F'〕——它是点 G' 的偏心点——和 G',则 $F'G'$ 总是垂直于椭圆的切线。或者我们反过来说:切线总是与 G' 和偏心点的连线垂直。好了,这就是全部的内容。不用紧张,我们还会回到这一点,再次进行回顾。我们所做的不过是根据事实总结了椭圆的一些性质。这就是椭圆。

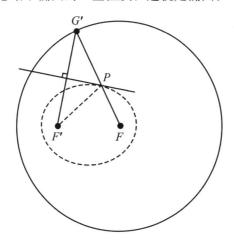

另一方面,我们学过动力学,现在要把它们结合起来。因此我们要解释一下动力学是怎么回事。前面是对命题的几何描述,而现在要研究一下它的力学含义。牛顿说的是这个意思:如果这是太阳{点 S}——吸引力的中心,而某时刻粒子位于这里{点 A},我们假定它在一定的时间间隔内运动到另一个点{点 B}。那么,如果粒子没有受到指向太阳的力,它就会沿着原来的方向继续运动,在相等时间间隔内运动相等的距离{$Bc = AB$}抵达点 c。但是在此期间,它受到指向太阳的冲量(impulse),而为了分析的便利,我们假设所有的冲量都发生在中间的时刻{即粒子位于点 B 的时刻}。换句话讲,我们以近似的方式将所有冲量都集中在这个中间时刻。冲量指向太阳,它可能代表粒子运动的改变。这意味着粒子不会运动到点 c,而是运动到一个新的点,点 C,因为粒子最终的运动是它原来的运动加上指向太阳的额外冲量。因此粒子最终的运动沿着 BC,而在第二个时间间隔之后,粒子将位于点 C。我要强调的是:Cc 与 BV 平行,且与后者长度相等;BV 是来自太阳的冲量,它平行于 B 到太阳的连线。最后,剩下的表述是 BV 的大小与轨道距离的平方成反比。

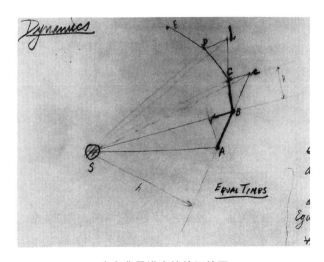

来自费曼讲座的笔记的图

我把这幅图再画一遍,过程一模一样,只不过用颜色让它变得更加有趣。这是粒子在第一个时刻的运动,而如果没有受力,它就会在第二个时间间隔继续运动下去。我要向你们指出:没有受力时粒子在这两个相等的时间间隔内扫过的面积相等。距离 AB 和 Bc 显然相等,而三角形 SAB 和 SBc 的面积也相等,因为它们的底相同,而高是同一个。如果你们把底延长来作高,就会发现两个三角形对应同一个高;而由于底相等,因此扫过的面积相等。

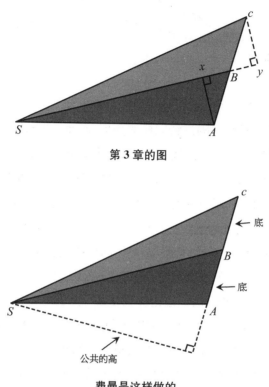

第 3 章的图

费曼是这样做的

　　另一方面,粒子实际上没有运动到点 c,而是运动到点 C,点 C 相对点 c 的位移沿着 B 时刻指向太阳的方向,也就是说,Cc 平行于原来的直线 $\{BS\}$ 的方向。现在我要向你们指出,如果粒子受力时在第二个时间间隔扫过的面积即 SBC,与不受力时扫过的面积即 SBc 相等。这是因为我们有两个三角形,它们等底等高,而高就位于两条平行直线之间。既然三角形 SBC 和 SAB 的面积相等[*],而由于点 A,B,C 表示轨道上等时间间隔的连续点,我们看到相等时间内粒子扫过的面积相等。我们还看到轨道保持在一个平面上:点 c 位于平面 ABS 内,而 Cc 也位于该平面内,那么粒子就会一直保持在平面 ABS 内运动。

---

[*] 请参见第 96 页"来自费曼讲座的笔记的图"。——译者注

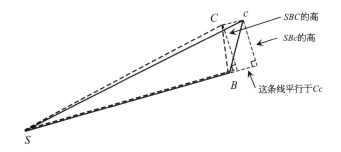

围绕着假想的多边形轨道,我画出了一系列这样的冲量。当然,为了确定实际轨道,我们要缩短时间间隔进行同样的分析,而冲量也将变小;直到无穷小的极限情况,我们就得到了一条曲线。在得到曲线的极限情况下,平面上的曲线扫过的面积将与运动的时间成正比。就这样,我们知道了行星在相等时间内扫过相等的面积。你们刚才看到的证明是从牛顿的《原理》中原样照搬来的,其中的聪明才智和发现的愉悦你们可能体会到了也可能没有体会到,但是它一直都在那儿。

现在剩下的证明不是来自牛顿,因为他的证明包含了过多的圆锥曲线的性质,而我发现自己不能很好地理解它。因此我自己编了一个证明。

现在已经有了等面积等时的结论。我现在考虑的是:如果不采用等时间间隔,轨道将会是什么模样;我们将以太阳为顶点划分相等的角度,考虑对应的粒子的连续位置。换句话讲,我重新绘制轨道的连续点 J,K,L,M,N,它们不是像上述图示那样对应等时间间隔的时刻,而是对应相等的角度间隔。为了简单一些,尽管基本上没有简化多少,我假定在第一个点上的初始运动垂直于它和太阳的连线;这没有改变什么,只不过让图示变得更清晰些。

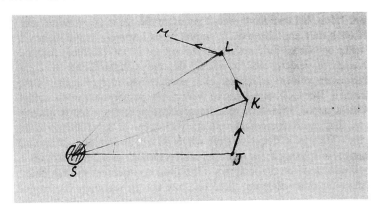

来自费曼讲座的笔记的轨道图

我们根据原来的命题知道：相等时间内扫过相等的面积。现在请注意听：我所寻求的相等角度意味着扫过的面积不再相等，而这些面积与到太阳的距离的平方成正比；因为如果三角形对应给定的角度，那么如果我做出两个相似三角形，它们的面积就和它们的尺寸的平方成正比[2]。因此，等角度意味着——由于面积和时间成正比——扫过这些相等角度的时间与距离的平方成正比。换句话讲，这些点——J, K, L 等——不代表轨道上相等时间间隔的点，而是表示时间间隔与距离的平方成正比的那些连续的时刻。

现在，动力学定律告诉我们说，速度的改变相等，哦不，是相等时间内速度的改变和距离的平方成反比 $\{\Delta v/\Delta t \propto 1/R^2\}$。另一种表达方式是：产生相等的速度改变所花的时间与距离的平方成正比。这两种表达是一回事。如果花费更长的时间，那么我将得到更大的速度改变，而尽管等时间内的速度改变与距离平方成反比，只要我选取和距离的平方成正比的时间，那么就会得到相同的速度改变。或者说动力学定律说明的是：产生相等的速度改变所花的时间与距离的平方成正比。但是请看，对于相等的角度，运行时间就与距离的平方成正比。因此我们根据引力定律得出结论：轨道上相等的角度对应相等的速度改变。这就是导出后续所有结果的核心：当粒子在轨道上转过相等的角度时，它的速度也会发生相同大小的改变。因此我们在图上绘制小线段表示速度。和先前的图示不同，不能用轨道上从 J 到 K 的完整线段来表示速度，因为在那些图中时间间隔相等，线段的长度与速度成正比，而长度除以相等的时间即表示速度。我们必须采用其他的标尺，以表示这些粒子在给定的单位时间内运动了多远，而不是说在与距离的平方成正比的时间内运动了多远。因此我们用这些线段表示连续的速度，而根据这幅图确定速度的改变量很难。

因此我在这里再作一幅图，并称之为速度图，为了方便我把图的尺寸放大。我们用这些箭头表示原来的那些线段。这里 $\{v_J\}$ 表示粒子在点 J 处每秒的运动，或者说给定的时间间隔内在点 J 的运动。这里 $\{$箭头$\}$ 表示从初始时刻开始，粒子在给定的时间间隔内将会进行的运动。将所有速度都移动到共有的原点，好便于我们进行比较。因此对于这些连续的点，我得到了一系列的速度。

---

② 这就是第 3 章脚注②解释的内容。

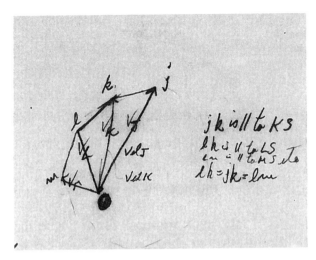

来自费曼讲座的笔记的图

现在速度的改变又如何呢？在第一个运动中，这$\{v_J\}$表示速度。然而，由于存在指向太阳的冲量，速度发生改变，它变成了第二个速度v_K。随后再次出现指向太阳的冲量，只不过这次沿着不同的角度，而速度又变成了v_L，依此类推。现在我们说：对于相等的角度，速度的改变量相等，前面已经导出了这个结论；这意味着这些连续线段$\{jk, kl$等$\}$的长度全部都相等。它指的就是这个。

这些速度改变量之间成多大角度呢？速度的改变沿着这条矢径$\{JS\}$指向太阳，沿着这条矢径$\{KS\}$指向太阳，继而沿着这条矢径$\{LS\}$指向太阳，如此这般*，而这些矢径中的每一个都相对前者转过特定的角度。简言之，我们构造出一个正多边形。采用连续的相等步长，每一个都相对前者转过相等的角度。这样产生的一系列点就位于圆周上，由此我们就得到了一个圆。因此，速度矢量的末端——如果我们这样称呼速度点的末端；在基本的描述中你们还不知道矢量是什么——就位于一个圆上。我们再次画出这个圆。

回顾一下看看我们发现了些什么。我取极限让角度间隔变得非常小，从而获得连续的曲线。令θ表示轨道上点P对应的总偏转角，和之前一样令v_P表示该点的速度。那么速度图就是这样的：这个点$\{$点$O\}$是速度图的原点，这个$\{Op\}$对应点P的速度矢量；这个点$\{$点$p\}$位于圆上，而这个点$\{$点$O\}$一般总是

———————————

* 各条矢径的位置请参见第98页"来自费曼讲座的笔记的轨道图"。——译者注

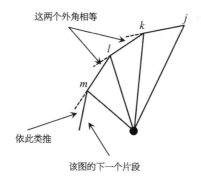

偏离圆心。然而,在速度圆上转过的角度就等于 θ。原因是:速度圆的半径相对初始位置转过的角度与轨道转过的角度相等,因为它们都连续转过了相等数目的角度间隔。因此,这里的{左边的}中心角等于这里的{右边的}圆心角(均为 θ)。

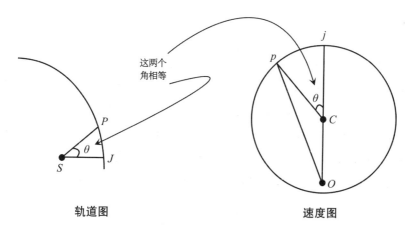

轨道图   速度图

因此我们发现了下面的情况:如果画一个圆并取一个偏心点,然后在轨道上取一个角度 θ——你想要的任意角度——在我们构造的圆上画出对应角度得到圆上一点,连接偏心点和圆上的点,那么得到的线段就沿着轨道的切线方向。由于速度显然指明了某一时刻的运动方向,而它必然沿着曲线的切线方向。因为我们的问题就是要确定这样一条曲线:从偏心点画直线与速度圆相交于一个点{点 p},当曲线的偏转角{θ}就等于速度圆的圆心角时,曲线在这一点的切线总是和这条线{Op}平行。

为了说得更清楚为什么情况会是这样,我将速度图旋转 $90°$,让位置图和速度图的角度精确对应,彼此平行。下面这幅速度图和你们在上面看到的图完全相同,只不过为了便于考察,我们将它顺时针旋转了 $90°$。既然整幅图都转过了

90°,速度矢量{v_P}也转过了 90°,而它显然和旋转之前的线段{上图中的 Op}垂直。简言之,我们要找到一条轨道曲线,我想我已经开始了——是的,那我就先说说它然后再作图——如果把它放在这里,而这条线{Cp}与轨道在这里{点 P}相交(不用担心轨道的尺寸大小,它们是假想曲线,可以按比例放大或缩小),那么轨道上过这个点{点 P}的切线就垂直于从偏心点发出的直线{Op}。

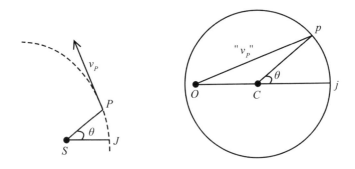

让我再作一次图,看一看怎么会是这样。你们现在已知道答案是什么了。这是重新画的同样的速度圆,现在缩小轨道把它画在速度圆的里面,这样我们就能把两幅图叠起来,直接看到两个角度的对应关系。由于角度彼此对应,我们可以绘制一条直线,标出它与轨道的交点 P,以及与速度圆的交点 p。我们已经发现轨道具有这样的性质:偏心点{点 O}与这个点{点 p}的连线与过这个点{点 P}的轨道的切线垂直。那么这条曲线是椭圆,而你们可以根据下面的作图发现这一点。

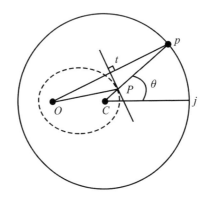

构造曲线;我们要构造的曲线将满足所有的条件。作直线 Op 的垂直平分线,并考察后者与另一条直线 Cp 的交点,称交点为 P。现在我们要证明两件事。第一,这个点{点 P}的轨迹形成一个椭圆;第二,这条线{即 Op 的垂直平分

线}是椭圆的切线。这样一来所有的条件都得到了满足,万事大吉。

首先,证明 P 的轨迹是椭圆。由于 P 在垂直平分线上,因此它到 O 和 p 的距离相等,显然有 Pp 等于 PO。这意味着 $CP + PO$ 等于 $CP + Pp$,后者是圆的半径,而半径显然保持恒定。由于两个距离的和{$CP + PO$}保持恒定,因此这条曲线是椭圆。

下面证明垂直平分线为椭圆的切线。由于两个三角形全等,因此这个角{角 OPt}等于这个角{角 pPt}。

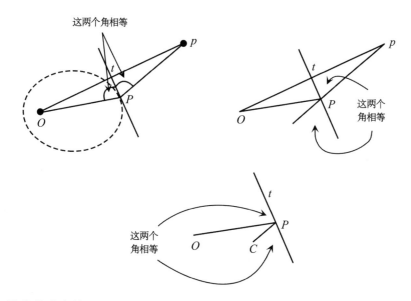

而如果我将这条线{pP}延长到垂直平分线的另一侧,那么对顶角相等。因此我们考虑的直线与点 P 和两个焦点的连线成相等的角度。我们已经证明过这就是椭圆的反射性质,因此该问题的解就是椭圆。或者可以反过来说,因为我真正证明的是:椭圆是该问题的可能的解。它就是这个解,因此轨道是椭圆。这个证明的确很基本,但是很难。

我还有些时间,让我来扯点儿别的。首先,我要说说是怎么得出这个证明的:即速度改变形成一个圆的事实。对这一点的证明要归功于法诺先生,我读了他的文章。随后要证明轨道为椭圆,这着实花了我很长时间;这就是那个很明显的简单步骤:你转动速度图,然后绘制所有这些{连线,轨道,等等}。这个过程很艰难,而且与所有基本的几何证明一样——与任何几何证明一样——这个过程需要运用大量的才智。但是你一旦走通了,呈现出的就是简单而优雅的过程。我说这个过程已经完成了，但其中的有趣之处在于你们很小心地把各个碎片拼在了一起。

利用几何方法发现新的东西并不容易。这个过程很难，但发现之后反观证明就能看出它的确非常优美。解析方法的力量在于它更擅长发现事物而不是证明事物，但是它一点也不优美。如果用解析方法你就会弄脏好多张纸，上面写满了 x 和 y，还会在这里勾勾，那里抹抹。

我要说几个有趣的情况。点 O 当然可以位于圆上，甚至位于圆的外部。我们发现当点 O 位于圆上时，当然不会得到椭圆，而是得到抛物线。而当点 O 位于圆的外部时，我们将得到另一种曲线——双曲线。我把这些情况留给你们研究。另一方面，我现在想对证明进行些应用，在另一种情况下继续介绍法诺先生的证明。法诺先生就是沿着这个方向研究的。

1914 年，物理学有一个很重要的定律，而法诺先生尝试对此进行基本证明。这就是所谓的卢瑟福散射定律。我们有一个无限重的原子核——这纯属假设，我们根本就不可能——如果我们向它发射粒子，那么粒子将受到静电斥力，后者服从平方反比定律。如果用 q_e 表示电子电荷，那么原子核带的电荷就是 Z 乘以 q_e，其中 Z 表示原子序数。那么这两个物体之间的作用力就由 $4\pi\varepsilon_0$ 乘以距离的平方来确定，而为了简化我们忽略常数，暂时用 Z/R^2 表示力。我不知道你们在课堂是不是也这么做，但是我想可以这么定义，因为 $q_e^2/4\pi\varepsilon_0$ 可被简写为 e^2。那么力就等于 Ze^2/R^2。不管怎样，这个力与距离的平方成反比，只不过它是斥力。现在的问题是：如果我们向这些原子核发射大量的粒子，而我们看不到这些原子核，那么以不同角度发生偏转的粒子有多少呢？偏转角度大于 $30°$ 的粒子占多大比例呢？粒子在不同的角度上如何分布呢？这就是卢瑟福想解决的问题，而当他得到了正确的理论解后，他想用实验进行检验。

［在这一刻，费曼开始沿着错误的方向讲解，但过一会他就会纠正过来。］

在实验中，卢瑟福发现发生大角度偏转的粒子没有那么多；换句话讲，大角度偏转的粒子数远低于预期，他据此推断：在微小的距离上，斥力没有 $1/R^2$ 这么强。因为要得到大的偏转角度，显然需要很大的力，而这相当于［粒子］与［原子核］几乎迎面碰撞。因此那些非常靠近原子核的粒子似乎没有按照应有的方式被弹回来，其原因就是原子核的大小……我把故事讲反了。如果原子核的尺寸很大，那么那些预期会发生大角度偏转的粒子将不会受到全部的斥力，因为它们会进入原子核的电荷分布,而这样一来就会发生较小的偏转。抱歉,我搞混了,让我们重来。

卢瑟福假定力都集中于中心并推导了相应的结果。在他那个时代,人们假定原子中的电荷均匀分布,而为了发现这一分布,卢瑟福向原子发射粒子。他认为原子对入射粒子的散射将使粒子发生微弱的偏转;粒子不能非常靠近斥力中心,因为根本就没有中心,所以它永远不会发生大角度的偏转。然而在实验中,他的确观测到了大角度的偏转;卢瑟福据此推断原子核很小,而几乎所有的原子质量都集中在非常小的中心点上。我说的顺序反了。人们后来采用同样的实验证明,原子核有一定的尺寸。人们首先证明的是:为了产生这样的电力,原子并没有我们认为的那么"实",也就是说,所有正电荷并没有均匀散开,而是集中于原子的中心,人们就此发现了原子核。我们现在需要了解粒子偏转角度的定律,我们可以这样做。

我们要重复之前的工作,也就是绘制轨道。这是一个电荷,而这是在它周围运动的粒子,只不过现在二者之间存在斥力。我从这一点开始绘图,这很有趣;我也会画出我的速度图。这就是速度。我们知道在这一点的初始速度——我将采用与之前的绘图同样的颜色,好让你们知道我在做些什么,这是蓝色的,而轨道是红色的——现在速度的改变位于圆上。但是现在速度的改变是斥力引起的,因此符号要反过来。经过一番小小的思考,你们会看出偏转是这样的,而计算的中心,即所谓的速度原点 O,位于圆的外部。连续的微小速度改变位于圆上,而轨道上连续的速度就是这些线段,我们这样做下去直到发现了一个非常有趣的点:我们抵达了速度圆的切线{指过圆外 O 点的圆的切线}。

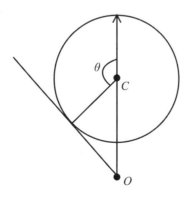

位于速度圆的切点处意味着呢?这意味着所有的速度改变都沿着速度的方向。由于速度改变指向太阳,而速度又沿着速度改变的方向,因此这意味着在下

图的这一部分速度指向太阳。这就是说,行星从无穷远处沿这条线⟨双曲线的渐近线⟩向着太阳运动。此时行星离太阳非常远,我们可以认为它几乎是向着太阳(不是太阳,是原子核)运动,随后它在这里绕过太阳——这幅图应该这样画,箭头在这里,我把运动的方向搞反了——再沿着这条路径离开,而在无穷远处的速度就对应速度图上的 V_∞ 。*

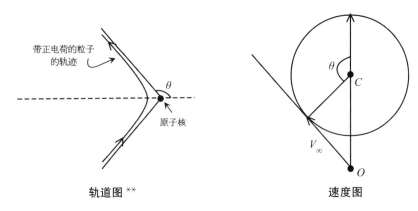

轨道图 **   速度图

---

* 这里对讲义的内容稍作补充。对于带正电荷的粒子向着原子核的运动,力心为原子核而二者之间为斥力。此时原子核位于下方左图中轨道对侧的双曲线焦点上,即图中标出的黑点,它到渐近线的距离为 b 。对应的速度图就是费曼给出的图示,速度在速度圆上沿逆时针方向从 V_∞ 变化到 V'_∞ 。对于行星向着太阳的运动,力心为太阳而二者之间为引力。此时太阳位于图中轨道同侧的双曲线焦点(图中没有给出)上,而速度在速度圆上沿顺时针方向从 V_∞ 变化到 V'_∞ 。

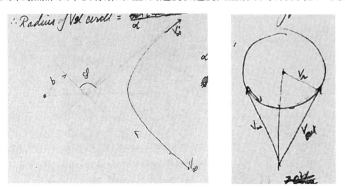

带正电荷的粒子被原子核散射的双曲线轨迹和速度图(此图和图注为译者补充,图片来自费曼讲义笔记)

双曲线渐近线之间的夹角为 φ ,也是速度 V_∞ 和 V'_∞ 之间的夹角;渐近线到原子核的距离为 b 。

——译者注

** 原书此图不够准确,正确图示请参见上一条译者注。——译者注

现在,如果我们非常仔细地画出轨道,那么它就是这个样子。它像这样绕一圈。如果我们称这一点的速度为 V_∞,那么粒子在起点的速度就是 V_∞。如果在相同的标度上,我们称圆的半径为 V_R ——对应圆半径的速度——那么我就能构建一个方程;为了节省时间,我不打算完全用几何的方法来构造,我已经这样做过了。我们不能总是坐在马车里,高兴地享受一番后还是要下来。首先我要确定中心的速度,速度圆的半径。换句话讲,我现在要爬下马车,用解析的方法完成这些几何工作。

我假定力——或者说加速度——是某个常数除以 R^2。对于引力,这个常数是 GM,而对于电力,它是 $Z e^2 / m$;因为考虑的是加速度,所以分母包含 m。这就是说,速度的改变总是等于 z / R^2 乘以时间 $\{ z\Delta t / R^2 \}$。现在我们假定 α 表示轨道每秒钟扫过的面积,在运动中 α 保持不变。如果我想用角度 $\Delta \theta$ 表示对应的面积,它就是 $\frac{1}{2} R^2 \Delta \theta$。* 用它除以扫过面积的速率,就得到了扫过这个角度的时间 $\left\{ \frac{1}{2} R^2 \Delta \theta / \alpha \right\}$。那么对于给定的角度 $\Delta \theta$,扫过它的时间和距离的平方成正比。我现在用解析的方式来说明,而之前用的是语言表述。将这里的 Δt 用 $\frac{1}{2} R^2 \Delta \theta / \alpha$ 代替,来确定速度改变怎样随着角度变化。把 R^2 约去后,发现速度的改变 $\left\{ \frac{1}{2} z \Delta \theta / \alpha \right\}$ 正如我们所料:相等的角度对应相等的速度改变。

这些是速度图上的速度改变,而这些是轨道图上的角度改变——尽管这不是你们能得出的轨道,不去管它。根据几何关系,ΔV {速度改变,即弧长} 也等于 $V_R \times \Delta \theta$。换句话讲,速度圆的半径就等于 $\frac{1}{2} z / \alpha$,其中 α 是每秒扫过的面积 {即轨道扫过面积的速率},而 z 是作用力定律所决定的常数。现在行星偏转的

---

* 原文误为 $R^2 \Delta \theta$,$\Delta \theta$ 对应的面积应为 $\frac{1}{2} R^2 \Delta \theta$,它包含后文提到的"另一个 $\frac{1}{2}$ 因子"。后续推导得到的各个参数也都包含这个 $\frac{1}{2}$ 因子,如扫过该面积的时间为 $\frac{1}{2} R^2 \Delta \theta / \alpha$,$\Delta \theta$ 对应的速度改变量为 $\frac{1}{2} z \Delta \theta / \alpha$,而速度圆的半径 $V_R = \frac{1}{2} z / \alpha$。文中已一一改正,不再另作注释说明。——译者注

角度是 φ^*,而我们称之为行星的偏转角,我实际上说的是原子核令带电粒子偏转的角度。根据我们的讨论,速度图上切线速度之间的夹角也是 φ,因为这些速度平行于原来这两个方向。因此,显然确定了 V_∞ 和 V_R 的关系,我们就能确定 φ。你们看,$\frac{\varphi}{2}$ 的正切等于 V_R / V_∞,而这样就能确定角度 φ。我们只需要确定 V_R 和 V_∞,就能得到结果。

　　如果我们不知道这个轨道的 α,实际上还是什么也得不到。这里有一个有趣的想法:当趋近原子核时,如果粒子没有受到原子核的作用力,它将会以一定的距离 b 与原子核擦肩而过。这就是所谓的碰撞参量(impact parameter)。我们假定粒子从无穷远处瞄准力的中心冲了而来,但是没有瞄准,错开了;正因为错开了,它才会发生偏转。如果它瞄准时错开了距离 b,粒子将偏转多大角度呢? 这是一个问题。

　　因此我只需要确定 α 怎样随着 b 改变。V_∞ 是 1 秒钟走过的距离,因此如果我在这里画一个三角形的面积——这个三角形看起来真可怕**,我会得到一个

---

　　*　请参见前文第 106 页译者注中的图"带正电荷的粒子被原子核散射的双曲线轨迹和速度图"。原书用 Φ 表示行星或粒子的偏转角度;参考费曼讲义笔记后,译文统一用 φ 来表示这个偏转角。——译者注

**

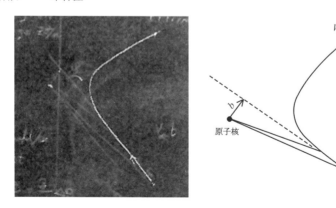

费曼板书的截图和据此复制的轨道图(左图来自本书卷首插图)

右图复制了文中"可怕的三角形",它表示无穷远处带正电荷粒子在 1 秒内扫过的面积。这个三角形的底为 V_∞,高为 b,面积为 $\frac{1}{2} V_\infty b$,由此确定 α。该图为示意图,如果真的根据无穷远处的轨道来作图的话,构造的三角形会非常细长,和直线无异,这就是费曼说它可怕的原因。

　　　　　　　　　　　　　　　　　　　　　　　　　　　　　——译者注

因子 2，三角形的面积是 $\frac{1}{2}R^2$。实际上有两个 $\frac{1}{2}$ 因子，两个，你们到时候要搞清楚。一个是这里的 $\frac{1}{2}$，还有一个 $\frac{1}{2}$ 在其他什么地方*；我不打算把它找出来。这个三角形的面积是底 V_∞ 乘以高 b 再乘以 $\frac{1}{2}$ $\left\{即 \alpha = \frac{1}{2}V_\infty b\right\}$。这是粒子扫过的三角形，即矢径在 1 秒钟内扫过的面积。因此它就是 α。我们由此发现 $\tan\frac{\varphi}{2}$ 随着 z/bV_∞^2 改变。这说明给定瞄准的精度，即影响距离 $\{b\}$，我们可以根据粒子趋近原子核的速度以及已知的力学定律来确定它偏转的角度。我们彻底解决了这个问题。

　　还有一件事情很有趣：如果你们想知道大于特定角度的偏转发生的概率。例如你们取角度 φ_0，并且想确保粒子的偏转都大于 φ_0。那么这就意味着你要在半径小于 b_0 的面积内轰击原子核，而 b_0 由 φ_0 决定。任何瞄准偏差小于 b_0 的轰击都将产生大于 φ_0 的偏转，而根据方程可由 φ_0 确定对应的 b_0。如果 b 增大，轰击粒子的受力将减小，而它的偏转也会减小。因此，要使偏转大于 φ_0 就要让粒子轰击所谓的碰撞截面积 πb_0^2，其中 b_0 等于 $z/\left(V_\infty^2 \tan\frac{\varphi_0}{2}\right)$。换句话讲，碰撞截面 σ 就等于 $\pi z^2/\left(V_\infty^4 \tan^2\frac{\varphi}{2}\right)$。这就是卢瑟福散射定律。它说明：为了得到大于特定角度的偏转，你必须要瞄准轰击的面积所占的概率，即轰击的有效面积。这里的 z 等于 Ze^2/m，这个 4 次方的公式非常出名。

　　这个公式太出名了，以至于它在刚刚导出时并没有被表示成现在常用的形式；我为了照顾到它的名望，把常用形式写出来；好吧，还是留给你们去推导吧。我只把答案写出来，让你们看看自己能否证明它。我不关心大于特定角度偏转对应的截面积，而是考虑哪一个截面微元 $d\sigma$ 对应从这里到这里的角度范围 $d\varphi$ 的偏转？你们只需对上面的公式求导，而最终结果就是著名的卢瑟福公式，它就是 Z^2e^4 乘以 $2\pi\sin\varphi d\varphi$ 再除以 $4m^2V_\infty^4$ 乘以 $\frac{\varphi}{2}$ 的正弦的 4 次方。我写出这个公

---

*　"两个 $\frac{1}{2}$ 因子"一个在确定 α 的三角形的面积中，另一个在 $\Delta\theta$ 对应的面积 $\frac{1}{2}R^2\Delta\theta$ 中。

——译者注

式只因为它很著名,在物理学中经常出现。实际上 $2\pi\sin\varphi\mathrm{d}\varphi$ 是角度范围 $\mathrm{d}\varphi$ 对应的立体角 $\mathrm{d}\Omega$。因此在单位立体角内,碰撞截面与 $\dfrac{\varphi}{2}$ 的正弦的 4 次方成反比 $\left\{$最后的公式为 $\mathrm{d}\sigma/\mathrm{d}\Omega = Z^2\,e^4\,\Big/\left(4\,m^2\,V_\infty^4\,\sin^4\dfrac{\varphi}{2}\right)\right\}$。人们发现,原子对粒子的散射就服从这个定律,因此证明了原子有一个非常硬的中心,即原子核。而原子核就是由这个公式发现的。

　　非常感谢。

后　记

理查德·费曼自己想出了对椭圆定律的精彩证明,但他不是第一个这么做的人。同样的证明,包括将速度图转向一侧的关键操作,曾在一本小册子中出现过。这本书在 1877 年出版,书名为《物质与运动》(*Matter and Motion*),作者是詹姆斯·克拉克·麦克斯韦。麦克斯韦将证明方法归功于所有物理学家都熟知的一个人——威廉姆·哈密顿爵士(哈密顿算符是量子力学中的关键要素)。显然哈密顿是使用速度图的第一人,他把该图称为速端曲线(hodograph),用来研究物体的运动。在讲座中,费曼把圆形速度图的想法慷慨地归功于神秘的“法诺先生”,他指的是 U.法诺(U. Fano)和 L.法诺(L. Fano)在 1959 年出版的《原子和分子的基本物理学》(*Basic Physics of Atoms and Molecules*),其中用圆形速度图推导了卢瑟福散射定律,就是费曼在讲座末尾介绍的内容。就算两位法诺先生知道哈密顿和他的速端曲线,他们在书中也没有提及这一点。

几个世纪以来,人们不断改进牛顿力学使其变得更加高深、优雅,而哈密顿的工作堪称卓越。《原理》一书出版后的 200 多年中,牛顿的宇宙占据绝对的主导地位。到了 20 世纪初,物理学中出现了第二次科学革命,其深远的影响几乎与第一次革命匹敌。当革命结束后,人们不再认为牛顿定律揭示了物理实在最核心的本质。

第二次科学革命在两个前沿领域展开,而即使今天,也还没有达到完美的和谐。这两个领域的研究一个引出了相对论,而另一个则引出了量子力学。

相对论的种子可以追溯到伽利略的发现,即所有物体无论质量大小均以相同的速率下落。牛顿解释说物体的质量在物理学中扮演两个不同的角色:一个角色是抵制物体运动的改变,而另一个角色是对物体施加引力。因此物体的质量越大,它受到的引力就越强,但是让它运动也更困难。较重的物体——例如落向地球——受到较大的重力,但是它们抵制加速的能力也越强。较轻的物体受力较小,但是它更容易被加速。净结果就是所有物体以几乎完全相同的速率下落。由于牛顿力学取得了广泛的成功,人们也很容易接受这种奇怪的巧合。

然而,到了 19 世纪末,麦克斯韦的发现让人们对牛顿力学的另一部分产生疑问。人们早就知道光不能瞬时抵达,而只能以有限的速度传播。这个速度非常大,约为 186 000 英里(300 000 千米)每秒,但它不是无限的。到了麦克斯韦的时代(他生于 1831 年,逝于 1879 年,爱因斯坦在这一年诞生;麦克斯韦和费曼一样,都死于胃癌),人们还知道了尽管电力是电荷之间的作用力,但是令磁针偏转的磁力却不是完全独立的现象。磁力是电流之间的作用力,而电流不过就是运动的电荷。麦克斯韦发现,如果比较静止电荷之间的电力和缓慢运动的电荷之间的磁力,就会发现两个力的强度之比等于一个速度的平方,而这个速度恰好等于光速!麦克斯韦知道这不只是巧合,并建立了一套优雅的数学理论。该理论很快被实验证实,就是说所有的空间都能被电场力和磁场力渗透,而当这些场受到扰动时,扰动就以光速传播;实际上这个扰动就是光。

人们当时没有意识到,这个发现将颠覆牛顿定律。爱因斯坦很快就认识到了这一点,而牛顿定律就此被推翻。在古老的亚里士多德的世界中,物体的自然状态是静止。在牛顿的世界中,不存在所谓的绝对静止状态。物体将保持运动状态,沿着直线匀速运动。如果物体看起来处于静止,那只是因为观察者和物体一起运动。牛顿第一定律即惯性定律,它之所以说得通是因为没有静止状态。在不存在静止状态的宇宙中(每种运动状态都和其他任何运动状态无异),可能做的最简单的假定是:物体将保持它的运动状态,而这就是惯性定律陈述的内容。然而,如果不存在绝对静止,那么就不存在绝对速度。任何物体的表观速度都应该依赖观察者是否随之运动。这就是症结所在:物理定律永远也不能包含一个明确的速度,因为任何物体的速度都有赖于观察者的速度。但是麦克斯韦证明光有明确的速度,而根据磁铁和电荷之间的基本作用力可以确定这一速度。

为了解决这个困境,爱因斯坦创造了一个全新的宇宙。它的中心公理(由此可以导出所有其他内容)是:存在绝对的与观察者运动速度无关的光速,而所有物体无论质量大小都以相同的速率下落,因为物体受到的向下拉的重力与所有其他物体(除了物体本身)向上运动的加速度没有分别。为了确保所有观察者测得的光速都相同,时间和距离必须舍弃它们的独立性(即牛顿意义的时间和距离),而是混在一起构成时空。为了让所有物体以相同的速率下落,引力本身被弯曲的时空取代,其中所有物体进行惯性运动,但不是沿着直线(不再有这种事儿了)而是沿着所谓的测地线,而测地线是弯曲时空中两点最短的距离。所有这些被总结为所谓的相对论,既有狭义相对论也有广义相对论。

在另一个科学的前沿阵地,原子本性的发现也危害了牛顿的权威。至少在卢克莱修(Lucretius)的时代(公元前1世纪),人们就开始怀疑原子存在,而大多数科学家,包括牛顿本人,也都相信这一点。直到19世纪初,英国化学家约翰·道尔顿(John Dalton)最终给出了一些经验佐证,证明原子的确存在。道尔顿的实验表明,化学物质(例如氮气和氧气)以简单的整数比(例如$1:1,1:2,2:3$,等等;根据气态物质的体积确定结合的比例)结合。这些实验结果表明,气体的构成成分是原子,而原子依比例结合成简单分子(NO,NO_2,N_2O_3等)。道尔顿的实验技能拙劣,但是他笃信原子存在,并基于非常贫乏的证据宣布了自己的发现(这种情况在科学史上并不少见);更加灵巧熟练的实验者继续研究,让道尔顿的简单整数结合比定律成为实验化学的中心学说。在19世纪,人们对原子性质的认识逐渐深化。1875年版的《大英百科全书》(*Encyclopaedia Britannica*)以《原子》(Atoms)为标题极好地回顾了当时已掌握的知识,文章署名为"JCM"(James Clerk Maxwell)。然而,英国物理学家汤姆孙(J. J. Thomson)在1896年做出了真正的突破性进展,他证实所有原子都有共同的内部组成成分,后来被命名为电子。

詹姆斯·克拉克·麦克斯韦   欧内斯特·卢瑟福

在这个时刻,问题变成了原子的结构。费曼在讲座中介绍了卢瑟福及其同事的实验,实验表明原子类似小型的太阳系,微小但很重的原子核位于中心,较轻的电子围绕前者运转,而将电子保持在轨道上的力不是引力,而是带负电的电子与带正电的原子核之间的电力。然而,尽管"每个原子中都有一个微小的牛顿力学的太阳系"的观点令人舒适,但是它却有几个根本性的缺陷,其中最关键的绝对禁律再次来自麦克斯韦和他的电磁学理论。如果电子的确沿着轨道围绕原子核运动,那么它们将连续地干扰电磁场。这种扰动将以光速向外传播,耗尽原子的能量直至原子坍塌,电子沿着螺旋线落入原子核,就好像疲倦的彗星落向太阳一样。由于常识告诉我们原子是稳定的、长期存在的,那么就不能用牛顿力学太阳系来描述原子的内部运作机制。

量子力学的发明解决了这个困境。牛顿定律不能用于描述非常微小的物体。正如克纳(Kerner,像费曼一样的物理学家变成的间谍)在汤姆·斯托帕德的戏剧《哈普古德》(*Hapgood*)中所说的那样:

> 不存在具有确定位置和确定动量的电子这种东西;你固定了其中一个,就丢了另一个,而一切都玩完了……当物体变得非常小时,它们也会变得疯狂……你握紧拳头,如果拳头和原子核一样大,那么原子就和圣保罗大教堂一样大;而如果这是氢原子,那么它仅有的电子就会像飞蛾一样在空旷的大教堂里掠过,现在经过穹顶,现在经过祭坛……每个原子都是个大教堂……电子并不像行星那样运转,而是像飞蛾一样在某个地方一闪而过,它获得或损失一个量子的能量后就会跳跃,而在进行量子跳跃时它好像变成了两只蛾子,一个在这里,而另一个停在那里;一个电子就像双生子,但每个都是唯一的,都是独一无二的。

因此在20世纪初期,牛顿被相对论和量子力学推翻,恰如200多年前他取代了亚里士多德成为智力宇宙的中心。那么,我们为什么还要在学校继续讲授牛顿物理学呢? 或者更准确地说,为什么费曼(就是那个几乎重塑量子力学的费曼,他也做过许多次关于爱因斯坦相对论的精彩讲座)要不遗余力地证明早已过时的牛顿提出的椭圆定律呢?

答案是:物理学的第二次革命与第一次有着显著不同。第一次革命推翻了亚里士多德的教条，代之以全然不同的理论。第二次革命并没有证明牛顿物理学是错的并将其推翻，而是证明它何以正确并重塑了牛顿物理学。人们不再认为牛顿定律揭示了物理实在最核心的本质，此外，将它们应用在非常小（电子）或非常快（接近光速），抑或非常致密（黑洞）的对象时，它们甚至都不正确。如果我们知道要考察哪里，那么即使对于不那么极端的情况，也能检测到结果偏离牛顿定律的预期。然而，第二次革命之后的世界与我们之前居住的世界大体相同。主要的差异在于，我们现在不仅知道牛顿定律能准确地描述世界的行为，而且还知道它的定律为什么可以做得那么好。牛顿定律之所以好用，是因为它们来自更基本的相对论和量子力学定律。我们需要那些更深刻的定律来解释全部的情况（事实上，我们还不知道所谓的全部情况），但是多半情况下牛顿定律还能做得不错。

正因为如此，我们依然教授学生如何用牛顿物理学而不是亚里士多德物理学来解决问题。也因为如此，费曼认为值得创造自己的几何证明，表明牛顿定律产生了行星围绕太阳的椭圆轨道。最后，还是因为如此，本书得以完成。

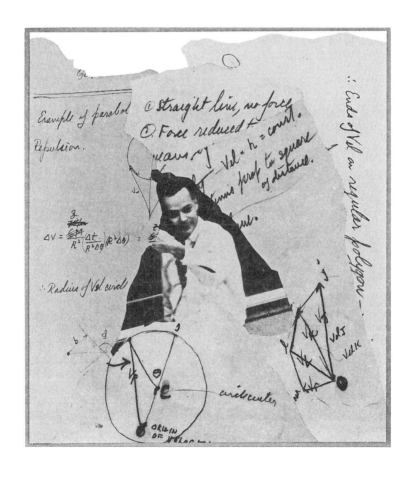

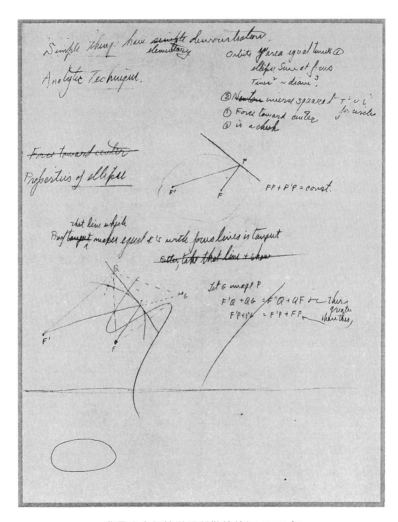

费曼为介绍性说明所做的笔记，1964 年

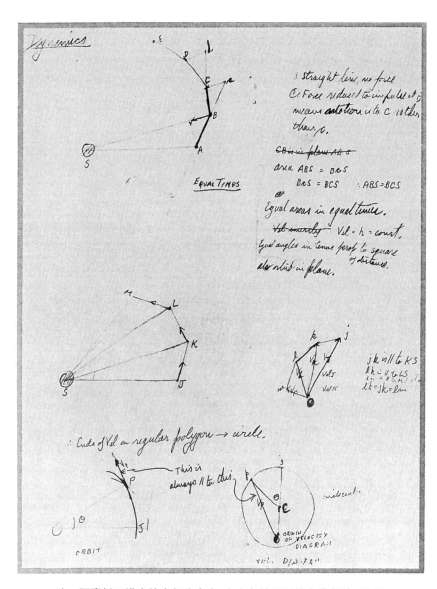

这一页囊括了讲座的大部分内容，左上角的图示摘自牛顿的《原理》

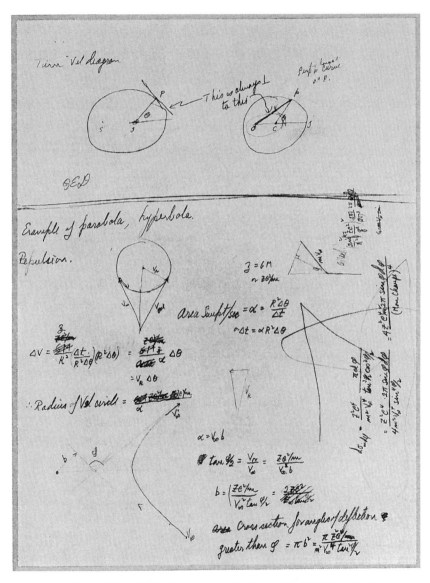

横线上方是证明椭圆定律的最后步骤，下方则是卢瑟福散射定律

参考书目

[1] Brecht Bertolt. *The Life of Galileo*. Translated by Desmond I Vesey. London: Methuen, 1960.

[2] Cohen I Bernard. *The Birth of a New Physics*. Revised edition. New York: W. W. Norton, 1985.

—— Introduction to Newton's "Principia." Cambridge, England: Cambridge University Press, 1971.

[3] Dijksterhuis E J. *The Mechanization of the World Picture* (1961). Translated by C Dikshoorn. Paperback reprint, London: Oxford University Press, 1969.

[4] Drake Stillman. *Galileo at Work: His Scientific Biography*. Chicago: University of Chicago Press, 1978.

[5] Fano U, Fano L. "Relation between Deflection and Impact Parameter in Rutherford Scattering." Appendix Ⅲ in *Basic Physics of Atoms and Molecules*. New York: John Wiley, 1959.

[6] Feynman R P, Leighton R B, Sands M. *The Feynman Lectures on Physics*. 3 vols. Reading, Penn.: Addison-Wesley, 1963 – 1965.

[7] Galilei Galileo. *Two New Sciences*. Translated, with introduction and notes, by Stillman Drake. Madison: University of Wisconsin Press, 1974.

—— *Il Saggiatore*. Rome: Giacomo Masardi, 1623.

—— *Dialogue Concerning the Two Chief World Systems — Ptolemaic & Copernican*. Translated by Stillman Drake. Berkeley: University of California Press, 1962.

[8] Gingerich Owen. *The Great Copernicus Chase and Other Adventures in Astronomical History*. Cambridge: Sky Publishing, 1992.

[9] Kepler Johannes. *New Astronomy*. Translated and edited by William H Donahue. Cambridge, England: Cambridge University Press, 1992.

[10] Koestler Arthur. *The Sleepwalkers* (1959). Paperback reprint, New York: Grosset and Dunlap, 1963.

[11] Maxwell J Clerk. *Matter and Motion* (1877). Reprint, with notes and appendices by Sir Joseph Larmor, London: Society for Promoting Christian Knowledge, 1920.

[12] Newton Isaac. *Sir Isaac Newton's Mathematical Principles of Natural Philosophy and His System of the World*. Edited by Florian Cajori. Berkeley: University of California Press, 1934.

[13] Santillana Giorgio De. *The Crime of Galileo*. Chicago: University of Chicago Press, 1955.

[14] Stoppard Tom. *Hapgood* (1988). Reprint, with corrections, London: Faber and Faber, 1994.

—— *Arcadia*. London: Faber and Faber, 1993.

—— "Playing with Science." *Engineering & Science* 58 (1994): 3 - 13.

[15] Thoren Victor E, John R. Christianson. *The Lord of Uraniborg: A Biography of Tycho Brahe*. Cambridge, England: Cambridge University Press, 1990.

[16] Westfall Richard S. *Never at Rest: A Biography of Isaac Newton*. Cambridge, England: Cambridge University Press, 1980.

索　引